谨以此书献给所有凝视自然之美的人!

北京市企业家环保基金会资助

# 自然教育通识

全国自然教育网络 编著

中国林業出版社
CFPH China Forestry Publishing House

图书在版编目（CIP）数据

自然教育通识 / 全国自然教育网络编著. --北京: 中国林业出版社, 2021.10 (2024.05 重印)

ISBN 978-7-5219-1372-9

Ⅰ.①自… Ⅱ.①全… Ⅲ.①自然教育－研究 Ⅳ.①G40-02

中国版本图书馆CIP数据核字(2021)第200854号

### 编辑委员会

| | |
|---|---|
| 顾　　问 | 赵树丛 |
| 主　　编 | 赖芸 |
| 副 主 编 | 陈志强、蒋泽银、管美艳 |
| 主撰稿人 | 闫保华、赖芸、王西敏、王愉 |
| 编　　委 | 赖芸、陈志强、蒋泽银、管美艳、闫保华、王西敏、王愉、马婵、朱真、余海琼、鄢默澍、夏雪、安然、冯宝莹、李琦慧、唐晓辉、金辰、黄永斌、区翠萍、王东、王裕祺、伍睿珏、郑双燕、邹润琪 |
| 版面设计 | 沈玮 |
| 视觉装帧 | 何楚欣 |

本书案例及所有图片，由以下机构提供（按机构名称拼音排序）

北京市企业家环保基金会、福建禾和教育咨询有限公司、杭州大地之野教育科技有限公司、绿色营生态文明推广中心、湖北博得生态中心、鸟兽虫木自然保育中心、山西旷野童年自然教育中心、上海四叶草堂青少年自然体验服务中心、田园邦耕读学苑、西南山地、小路自然教育中心、烟台一木自然文化发展有限公司、一年·四季自然艺术工作室、云南在地自然教育中心、自然圈、自然之友·盖娅自然学校

中国林业出版·自然保护分社（国家公园分社）

| | |
|---|---|
| 策划编辑 | 刘家玲 |
| 责任编辑 | 肖静 |
| 出版发行 | 中国林业出版社（北京市西城区德内大街刘海胡同7号　100009） |
| 电　　话 | 010-83143577 |
| 印　　刷 | 北京雅昌艺术印刷有限公司 |
| 版　　次 | 2021年10月第1版 |
| 印　　次 | 2024年5月第3次印刷 |
| 开　　本 | 787mm × 1092mm 1/16 |
| 印　　张 | 18.25 |
| 字　　数 | 300千字 |
| 定　　价 | 98.00元 |

未经许可，不得以任何方式复制或抄袭本书之部分或全部内容。
© 版权所有，侵权必究。

## 夹金山绿绒蒿

夹金山不但记录着红军长征的历史,也是野生动植物的家园。夏季来到夹金山海拔4000米以上的极高山区域,才能欣赏到这种半米高、深紫红色的夹金山绿绒蒿。

地点/四川夹金山　　摄影/董磊

## 序一

# 做走向自然的向导

呈现在读者面前的这本书是由我国一些活跃在自然教育第一线的资深从业者、科研工作者和学术研究人员编写的。这里面包含了他们对中国自然教育潜心研究的成果，躬身实践的体会，以及社会公众认可的成功案例和经验，是值得每一个关注自然教育的朋友阅读的。

一般来说，自然教育最初源于森林体验和自然体验，全球自然教育的共同认知与美国学者蕾切尔·卡森著名作品《寂静的春天》的问世有关。这本书一经出版，像春雷巨响一样，警醒人们重新审视人与自然的关系，审视我们的生产生活对环境的危害，也审视人们与自然沟通联结的重要意义和路径。为此，在1992年，联合国在瑞典斯德哥尔摩召开了"人类环境会议"，从保护环境的视角提出了"只有一个地球"的口号。1977年，联合国在苏联的格鲁吉亚首都第比利斯召开了政府间的环境教育会议，发表了《第比利斯宣言》。1992年的联合国环发大会，提出了"可持续发展"的理念，重视环境、保护自然在全世界蔚然成风。

中国政府在联合国环发大会之后就制定了《21世纪议程》，把可持续发展列为基本国策，把社会团体及公众参与可持续发展列为重要路径。党的十八大以来，在党中央倡导的建设社会主义生态文明的号召下，自然教育在中国广泛兴起。2019年4月，国家林业和草原局印发了《关于充分发挥各类自然保护地社会功能 大力开展自然教育工作的通知》。中国林学会成立了全国自然教育总校（自然教育委员会），打造了服务全国自然教育的新平台。尤其是2019年11月在国家林业和草原局与湖北省政府的指导下，中国林学会会同多家社会机构和团体，在武汉召开了"中国自然教育大会"，大会形成并发表了《武汉共识》。这次大会把全社会的自然教育机构、从业人员、社会团体、教育科研机构、政府相关部门的力量汇聚在一起，形成了推进自然教育发展的强大力量。《自然教育通识》一书的若干工作者就是这次大会的重要组织者和中坚力量，他们为全国的自然教育发展作出了贡献。

不忌讳言，中国自然教育的发展仍然处于初创阶段，离社会发展和公众需求还有很大的差距。在基地建设、师资力量、志愿者队伍、教育机构、基础理论研究和教材教案推介等方面都有短板。我相信,《自然教育通识》一书的出版,将会对全国自然教育的筑基升阶起到重要作用。

最后,我还是要强调我多年来的观点:自然教育的本质是人与自然的联结与融合,是回归到人是自然一分子的过程。大自然是自然教育中最主要、最直接的老师。我们的任何工作都是助力人们走进自然、拥抱自然、体验自然,做好青少年朋友走进自然的向导。

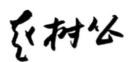

中国林学会理事长
全国自然教育总校校长
2021年8月于北京

## 序二

# 为自然育人，为生态环境育才

当今的中国，乃至整个人类社会所面临的生态环境问题，是前所未有的艰巨和挑战。而许多的环境问题，大到全球气候变化，小到身边一条被污染的河流，其产生的原因多而复杂，在根源上都是与"人"的发展、与"人"如何看待和对待"环境"息息相关。俗话说得好，解铃还须系铃人，想要根本性地解决环境问题，就不可能只关注问题本身，而是需要将与之相关的"人"也一并纳入其中来考虑，自然教育体现的重要价值和意义就在于此。自然教育关注人与自然、与环境的关系，通过建立人与自然情感上的联结，寻求人与环境、与自然生态和谐相处的方式，促进各种环境问题的改善和解决，以实现可持续发展。就如同现在普遍关注的垃圾问题，无论是垃圾处理技术，还是垃圾相关的法律政策，都仅是解决垃圾问题的其中一环。只有联合教育的手段，推动社会公众的共同参与，让垃圾减量、垃圾分类成为日常生活的习惯，才有可能真正长期有效地解决垃圾问题。因此，基于自然，但不局限于自然，促进人与生态环境的和谐共生，必将是未来自然教育需要探索和实现的方向和目标。

17年前，阿拉善SEE生态协会在内蒙古腾格里沙漠月亮湖畔发起成立，是中国首家以企业家为主体的环保公益组织；为资助和扶持中国民间环保公益组织的成长，打造企业家、环保公益组织、公众共同参与的社会化保护平台，2008年，协会发起成立北京市企业家环保基金会（简称SEE基金会），以环保公益行业发展为基石，聚焦荒漠化防治、气候变化与商业可持续、生态保护与自然教育、海洋保护四个领域，共同推动生态保护和可持续发展。

截至2020年12月，北京市企业家环保基金会支持自然教育机构、自然教育活动等累计投入超过1000万元，很多机构已成为自然教育行业的中坚力量，如云南在地、鸟兽虫木、一年四季和上海小路等；劲草嘉年华作为公众与自然保护之间的可触可视桥梁，成为2020年生态环境部公众参与的十佳案例之一。

我们非常欣喜地看到，自然教育近年来越来越受到社会的广泛关注，这反映出了我们整个社会，无论是政府部门、社会组织、教育机构还是公众群体等，都比以往更加重视自然教育的价值和意义，也都在积极开展各种形式的自然教育实践，共同推动自然教育行业的发展。在过去几年里，一批优秀的自然教育机构逐渐成长起来，带动越来越多热爱自然、关注生态保护的青年人加入，为自然教育带来了欣欣向荣的生命力。但同时我们也看到，由于自然教育在国内尚属新兴行业，快速发展也就是近十年的事情，整个自然教育行业尚未形成体系，发展还较不成熟。人才的短缺，已成为制约自然教育行业发展的普遍问题，同时自然教育从业人员对系统性理论知识的需求也日益迫切。

《自然教育通识》由国内多位从事自然教育的资深专家共同编写而成，是目前国内第一本从本土实践出发，沉淀自然教育行业十年发展经验，系统梳理理论体系的书籍。无论是对于刚进入自然教育行业的从业者，还是对自然教育行业感兴趣的机构或个人，都是一本非常实用的基础读物。书籍的出版将增强自然教育行业基础建设，为自然教育人才培养提供理论知识体系支撑，促进整个行业的发展。北京市企业家环保基金会将继续与大家携手同行，为中国自然教育的推动和发展作出积极的努力。

北京市企业家环保基金会执行理事长

2021年8月

## 前言

在自然中实践，倡导人与自然和谐关系的自然教育日益为社会各界所关注，并蓬勃发展。它根植于中国本土文化土壤，受国际影响，回应时代发展的社会需求，从而形成了独特的新兴行业形态。我们现在所说的自然教育，在经历了十余年的发展后，仍然在快速发展，但同时也提出了对专业化和规范化的需求：一方面，越来越多的新人踊跃进入自然教育行业，亟需一本入门指南以便更快、更科学地进入角色，可持续发展成长；另一方面，资深的从业人员也意识到过往活动积累的经验已经不足以满足服务对象更深层次的需求，行业人才需要进一步学习成长的指引。生态文明建设是关系人民福祉、关系民族未来的大计，自然教育作为生态文明建设的重要抓手，在可预见的未来将迎来更多的关注、更高的要求、更大的发展。这要求自然教育行业需要足够坚实和系统的基础以迎接机遇和挑战，实现新的飞跃。编著符合中国本土特色的自然教育入门书籍迫在眉睫。

全国自然教育网络以2014年第一届全国自然教育论坛的召开为起点，在行业机构和伙伴的支持下，不断聚合行业力量，开展包括年度论坛、人才培养、行业研究、政策倡导、区域性网络等工作，希望能够在多元、联结、尊重的价值观的践行下，为行业搭建起公共、活跃、开放的交流平台，持续促进自然教育行业的良性发展，为实现万物和谐共生的社会而努力。行业对自然教育入门书籍的迫切需求让全国自然教育网络意识到自然教育行业软件基础搭建的必要性和紧迫性，全国自然教育网络有责任担负起这一重任，入门书籍的编著工作被提上日程。

时值新冠疫情初期，自然教育机构进入休眠期，大家得以从繁忙的活动中抽身出来，向内修炼，提升软实力。就在这样的背景下，全国自然教育网络找到包括赖芸、王西敏、王愉、闫保华等在内的富有经验的专家老师，组建编辑委员会，正式启动本书编著的工作。从面向行业征集入门小白困惑、梳理书籍回应的需求，到邀请出版社编辑从最初介入以确保书籍的读者友好性，再到不断地进行线上研讨、线下闭门会议以确保书籍的内容质量，过程中邀请诸多专家参与，从理论高度上把握方向。形成初稿后，还邀请试读者进行试读反馈，收获了非常有价值的建议。编著一本让读者都满意的书籍是非常不易的事情，历时一年多的努力，这本自然教育入门书籍终于和大家见面，这是聚行业之力，大家共同创造的成果。

《自然教育通识》作为入门的基础读物，力图梳理自然教育行业近十年的实践经验和思考，同时结合编写团队自身丰富的阅历和专业高度，以通俗易懂的语言，为读者呈现自然教育整体的脉络和系统的通识内容，书籍从"自然教育是什么""常见的自然教育实践""常见的自然教育方法""自然教育的课程设计"和"如何成为自然教育导师"五个方面入手，从教育的维度回答了为什么培养人，培养什么人，怎么培养人的问题。本书承载了全国自然教育网络在自然教育领域的基础共识，汇聚了中国本土自然教育实践者的经验与思考，具有典型的中国本土性。希望它能够成为自然教育从业者进入自然教育领域，构建系统、基础的自然教育认知的指导用书；也希望它能够成为对自然教育感兴趣的公众迅速了解自然教育概貌、学习自然教育通识的窗口。

但需要说明的是，自然教育内涵的深刻、外延的广泛，并非一本书所能穷尽，由于篇幅所限，以介绍为主，点到即止；由于自然教育所涉及的对象多元，本书以儿童作为主要对象来举例介绍；由于自然教育从业者的称呼也各具特色，本书则以自然教育导师来统一描述，以便读者更好地理解。

本书不是自然教育领域的金科玉律，而更像是一种启发。希望本书能够开启你体验自然魅力、感悟教育美好的旅程，让你在这个旅程中快乐、欣喜、雀跃，并能够激励你满怀期待地前进下去，这样我们即深感荣幸。

本书不是自然教育领域的范本教材，更像是行业伙伴们共创的开始。我们的作者在编写的过程中不断将自己的经验进行梳理讨论，反复斟酌再产出，直至交稿的那一刻还希望再完善修改；我们也希望通过本书搭建读者与作者之间交流对话的桥梁，通过这样的对话，不断迭代本书的内容。如果你在实践过程中对自然教育内容体系有更好的想法，请让我们知道，我们希望可以和更多行业伙伴继续共创自然教育的未来。

最后，本书的启动得到了北京市企业家环保基金会、中国林学会的鼎力支持，本书的成稿离不开编辑委员会成员赖芸老师、王西敏老师、王愉老师、闫保华老师呕心沥血、不断挑战自我地编写、讨论、修改、再编写，还有中国林业出版社刘家玲编审持续一年的关注和指导。除此之外，要特别感谢中国林学会理事长、全国自然教育总校校长赵树丛先生和北京师范大学国际与比较教育研究院黄宇教授为本书内容提供提纲挈领的指导建议，以及郭丽萍、林昆仑、果叮咚、胡卉哲、黄鹰、蒋泽银、李栋、李悦、马婵、钱军红、王兼葭、吴夏霜、肖静、余海琼、朱惠雯、朱真等试读者对文稿提出了很多建设性意见。鄢默澍、夏雪两位伙伴也参与了本书的写作和编辑工作，在此一并表示感谢。

从立项到成文仅一年多的时间，著者们在繁忙的工作之外抽取时间和精力创作，难免在行文或内容上有不够妥帖和成熟的地方，请读者批评指正。

谨以此书献给所有凝视自然之美的人，愿我们通过本书彼此联结，在自然中快乐学习。

全国自然教育网络

2021年8月

## 木兰与雪山

在原生地贡嘎山东坡，野生的康定木兰数量仅有千棵，最大的这棵需要5个成年人才能环抱。7年以来，第一次开满巨大的花朵，美到让人惊讶无言。云雾忽隐忽现，不时露出远处贡嘎群山的雪峰，这便是康定木兰王最好的拍摄背景吧。

地点/四川贡嘎山　　摄影/董磊

# 目录

| | | |
|---|---|---|
| 序一 | 做走向自然的向导 | 6 |
| 序二 | 为自然育人，为生态环境育才 | 8 |
| 前言 | | 10 |

## 第一章  自然教育是什么　16

第一节　自然教育的概念　20
第二节　自然教育的目标　22
第三节　自然教育的主要受众　27
第四节　自然教育的作用　36
第五节　自然教育在中国的发展　48

## 第二章　常见的自然教育实践　70

第一节　自然保护地的自然教育　74
第二节　城市公园的自然教育　81
第三节　教育型农场的自然教育　88
第四节　自然学校的自然教育　92
第五节　城市社区绿地的自然教育　97

## 第三章　常见的自然教育方法　106

第一节　自然体验　110
第二节　自然游戏　119
第三节　自然观察　128
第四节　自然记录　136
第五节　自然解说　146
第六节　自然保护行动　152

## 第四章　自然教育的课程设计　　162
　　第一节　课程设计理论　　166
　　第二节　优质课程特征　　173
　　第三节　课程设计流程　　182

## 第五章　如何成为自然教育导师　　196
　　第一节　自然教育导师的定义与类型　　200
　　第二节　自然教育导师应具备的能力　　208
　　第三节　自然教育导师的成长路径　　232
　　第四节　自然教育导师的培养体系　　240

## 参考文献　　254

## 附录一　常见的自然教育实践案例　　256
　　一、自然保护地的自然教育活动案例　　256
　　二、城市公园的自然教育活动案例　　260
　　三、教育型农场的自然教育活动案例　　268
　　四、自然学校的自然教育活动案例　　273
　　五、城市社区绿地的自然教育活动案例　　276

## 附录二　自然教育课程案例——纸鸟巡游　　284

## 后记　　290

# 第一章

## 自然教育是什么
### What Is Nature Education

**闫保华（萤火虫）**

美国亚利桑那大学环境学习博士
全国自然教育网络理事长、红树林基金会（MCF）秘书长

大学时代加入北京林业大学山诺会，开始关注和投身于生态保护和教育工作。曾任职于全球绿色资助基金、自然之友等公益机构。目前，亦担任广东省林学会自然教育专业委员会副主任委员、阿里巴巴公益基金会自然教育专家顾问等。

> " 愿每一个孩子都能获得自然的滋养，
> 亦能感恩、回馈自然。 "

第一节　自然教育的概念

第二节　自然教育的目标

第三节　自然教育的主要受众

第四节　自然教育的作用

第五节　自然教育在中国的发展

# 自然教育是什么
## What Is Nature Education

第一章

2020年的一个夏日，5岁的一一跟着妈妈，在上海市杨浦区的新江湾城湿地公园里漫步。一一身上穿着印有上海6种常见鸟类图案的T恤，这是妈妈特别定制的。提到T恤上的6种鸟，一一如数家珍："珠颈斑鸠、麻雀、棕背伯劳、乌鸫、戴胜和白鹡鸰（jí líng）。"在湿地公园的小径上，她能轻松地认出路边的常见植物"八角金盘""大吴风草""春飞蓬"。

一一对自然的了解要归功于她的妈妈。一一的妈妈在外企从事法律工作，也是一名自然爱好者。妈妈经常带一一到户外玩耍，参加各类自然教育活动，还经常带着她在自家小区里"寻宝"：南天竹的"红宝石"、沿阶草的"蓝宝石"、各种常见的野花野草和鸟类。做完自然观察后，她们便回家一起把观察到的东西画下来。时间长了，一一对小区里的植物动物等了如指掌。

事实上，现在全国各地有越来越多像一一这样的孩子。他们经常到自然里寻觅鸟、兽、虫、木的踪影，感受自然四季的变化，甚至愿意不辞辛劳跋山涉水，只是为了想邂逅自己喜欢的自然物种；有时候为了辨识不同的生物或者观察自然现象与自然物种之间的关系，他们会主动地查阅很多资料，分门别类地做好记录、整理，建立自己的科学体系，从而使自己探究和解决问题的能力变得越来越强。同时，随着对自然的亲近，他们开始和小伙伴一起讨论保护小动物的问题，甚至有孩子偶遇住家附近从巢中掉下来的幼鸟会立即行动起来，通过打电话、发视频等方式向自然教育导师求助，正义感爆棚。在日常生活中，他们会记得学习过的生活环保小常识，比如，不使用一次性塑料袋等。慢慢地，随着参与自然教育活动次数的增多，自己的自然经验越来越丰富，他们又摇身变成"小老师"，满怀热情地向其他刚参加活动的小伙伴分享自己亲身经历过的自然经验，言行间充满自信。这些都是自然教育导师们在日常活动中经常观察到的现象。

一只只沾满泥土的小手，联结了土地，释放了天性

——和这些孩子们的成长故事，与当前"自然教育"行业的蓬勃发展有着密切的联系。自然教育的兴起，也离不开孩子与孩子之间、家长与家长之间的口碑相传、相互影响。现在，越来越多的孩子利用课余时间和假期，到社区绿地、城市公园、植物园、森林公园、湿地公园甚至自然保护区等地参加自然观察、自然笔记、农耕体验、生态旅行等自然教育活动。

"自然教育"在我国从出现到"井喷式"的快速发展，并日益获得社会各界的关注，似乎只用了短短几年的时间。经常有从业者问："自然教育究竟是什么？有权威的定义吗？""自然教育跟卢梭（J. J Rousseau）的'自然主义教育'是什么关系？""自然教育不就是环境教育吗，为什么要叫自然教育？二者的区别在哪里？""国外也有自然教育吗，发展怎么样？"

本章将从自然教育的概念谈起，阐述自然教育的目的和作用，分析自然教育的主要受众，从而帮助读者理解自然教育的意义和价值；同时，还将梳理自然教育在中国的发展脉络，探讨其产生与发展的动因以及对其产生影响的主要思想源流。

# 第一节 自然教育的概念

虽然很多人都在讲"自然教育",认为自己从事的是自然教育工作或者参加的是自然教育活动,但如果对它的内涵(即特有的属性)和外延(即范围)没有清晰、明确的认识和理解,我们大多时候在交流与实践中,所指向的自然教育很可能会是完全不一样的事物,从而产生偏差。因此,明确自然教育的定义和范畴,帮助更多自然教育从业者和公众了解自然教育的概念和目标,是我们当下首先要解决的问题。对于从业者来说,只有对自然教育有了清晰的认知后,才能在自然教育活动的设计、开展、成效评估、总结复盘等方面,紧扣自然教育的目标,规范行业行为,确保自然教育事业的良性发展。对于公众来说,只有理解自然教育的概念,认可自然教育的理念,了解自然教育活动的类型及其影响,才能根据自己的需要做出适当的选择,提升参与感。

开展自然教育活动,最直接的目的是帮助人们建立与自然的联结,从而获得自然的滋养,促进身心健康发展,同时,对自然产生基本的认知和情感,关注、支持、参与自然保护。建立与自然的联结,需要在真实的自然环境中去体验和学习。而听课、阅读、参观等室内活动可以是自然教育活动的一部分,成为参与者在自然中体验和学习的有益补充。因此,自然教育概念的内涵包含了"在自然中进行""建立与自然的联结""对自然产生认知和情感""参与自然保护"等多个核心要素。同时,自然教育是一个新兴的行业,蓬勃发展的过程中,其概念的外延应该尽量开放,具有包容性,鼓励创新与发展。基于此,本书提出自然教育的概念,即是:自然教育是在自然中实践的倡导人与自然和谐共生关系的教育。

"在自然中实践的"界定了自然教育的空间维度。自然教育活动的主体部分应该在真实的自然环境中进行,注重在自然中的体验、学习,培养参与者亲近自然、喜爱自然的情感,从而真正建立人与自然的联结。唯有建立"人与自然的联结",才有可能实现"人与自然和谐共生"。

"倡导人与自然和谐共生"明确了开展自然教育的根本目的。唯有"人与自然和谐共生",才能减少人类活动对自然的负面影响,保护自然,同时也保障人类社会的可持续发展;同样,也唯有"人与自然和谐共生",作为个体的人,才能获得自然的滋养,得以身心健康、均衡发展。

亲子家庭在郊野树林中沉浸式体验人与自然的联结

# 第二节 自然教育的目标

自然教育的概念明确了开展自然教育活动的根本目的是"倡导人与自然和谐共生"。一方面，人是自然的一部分，对自然有着天生的情感归属和依赖，人的生存和发展离不开自然。另一方面，人又具有能动性，在生活、生产和发展的过程中，不断地认知自然、影响自然。"人与自然和谐共生"所呈现的场景应该是自然繁盛、生态健康，作为个体的人，生活在其中，身心健康、均衡发展，整个人类社会也得以可持续地生存、繁衍。

实现"人与自然和谐共生"，最基础的是人的观念和认知：对自然是亲近还是疏离？是否了解自然界运行的基本规律？是否意识到人类活动对自然的影响？是否知道如何选择更有利于人与自然的和谐，并愿意为之努力？这就是自然教育所应该承担的使命。

本节将从"人的健康与发展"和"自然的健康与发展"两个维度，进一步阐释自然教育的目标（图1-1）。

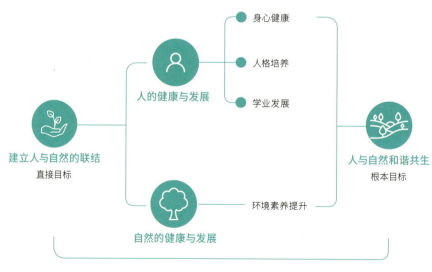

图1-1 自然教育的目标

## 一、人的健康与发展

人的健康与发展,强调自然教育对于作为个体的人的健康与发展的意义。

人对自然有着不可名状的情感联结。相信许多人都曾有过这样的感受:漫步在森林里,呼吸着清新的空气,感觉压力得到了释放,心智清明,心旷神怡;听到森林里鸟儿的鸣叫、溪流的声音,内心欢快、神清气爽;置身于层峦叠嶂、绿荫浓郁的大自然中,感受到自然的清幽与芳香,瞬间充满了精神与力量。其实,我国自古以来就有人与自然和谐共处的伦理观念,比如,"山光悦鸟性,潭影空人心"。而越来越多的科学研究也证明,亲近自然有益于身心健康。

在我国,自然教育最主要的对象,当前是以儿童为主。因为从个人一生的成长和学习规律来讲,儿童阶段是三观形成、性格养成、能力培养的重要时期。儿童阶段的生长环境、生命体验和形成的认知观念,将对人的一生产生影响。

亲近泥土,与自然联结

全球自然环境的日益恶化,让自然的健康与发展越来越被重视

美国作家理查德·洛夫(Richard Louv)曾在《林间最后的小孩》一书中提出了"自然缺失症"一词。它描述的是生活在现代都市中的儿童缺少与大自然的联结,甚至与大自然割裂的现象。自然缺失症并不是一种医学意义上的病症,但如果这种情况在儿童身上长时间存在,很可能会导致一系列行为、生理、心理上的问题,比如,肥胖症、视力退化、注意力障碍、抑郁症等。如今,这些问题还呈现低龄化和数量上升的趋势。

为了应对"自然缺失症",需要创造机会,吸引儿童到真实的自然环境中体验和学习,促进感官发育和体格锻炼。让儿童在与自然的互动、与他人的

协作、与自己的对话中得以综合发展。因此，为了更健康的发展，通过自然教育重建与自然的联结，特别是从孩童时期起获得自然的滋养，在自然中健康、快乐成长，是一种很重要的方法与途径。

### 二、自然的健康与发展

自然的健康与发展，强调自然教育对于自然繁盛、生态系统健康和人类社会可持续发展的意义。通过自然教育，影响和改变人们的意识和行为，促进其采取积极的行动，身体力行来保护自然，实现自然的健康与发展。

工业革命以来，人类开发利用自然资源的能力不断提高，对自然的破坏也达到前所未有的水平。全球各地的自然环境正在以前所未有的速度恶化，上百万种生物正在从大地、天空和海洋中消失。联合国生物多样性和生态系统服务政府间科学政策平台于2019年发布了一份《生物多样性和生态系统服务全球评估报告》(IPBES, 2019)。该报告指出，人类对大自然的破坏速度比过去1000万年的平均水平高出数百倍。

人类个体的健康发展和人类社会的可持续发展都离不开自然，而自然的健康和发展也需要人类的关注和保护。要想解决自然环境破坏、生物多样性丧失的问题，让人类社会得以可持续发展，根本上有赖于公众认识到人与自然和谐共生的重要性，增强对自然的认知，建立人与自然的联结，增强环境意识，培养环境友好的生活方式，以及理性、有效地推动相关政策的制定和执行。

儿童是祖国的未来，儿童对于人与自然关系的理解、相应的责任感和能力的培养，对于保护自然和推动人类社会的可持续发展至关重要。

获得"联合国全球500佳环境奖"的作家、环境记者乔治·蒙贝尔特（George Monbiot）在访谈了多位来自世界各地的环境保护者后发现："在那些为了自然而奋起斗争的人中，大部分人在童年时期都曾置身于自然之中。没有接触过自然，就不会了解自然的运转，没有儿时的经历就不会与自然亲密接触，而没有过接触就不会将毕生投入到保护自然的事业当中。"童年与自然亲密接触的经历，在他们心中种下了热爱自然、保护自然的"种子"；学习、了解自然运行的基本规律，让他们对自然环境变化的原因和过程更为敏感，并且知道如何付诸行动。因此，儿童需要与自然亲密接触的机会。在城市化发展的背景下，儿童与自然的疏离，不禁让人深深担忧：未来的自然守护者从哪里来？为儿童创造与亲密接触自然的机会，帮助他们与自然建立联结显得更为重要。

自然教育，可以帮助人们特别是儿童走进自然建立与自然的联结，认识自然运行的基本规律，培养与自然的情感，养成自然友好的生活方式，并激励他们参与到保护自然和促进人类可持续发展的实际行动中去。

# 第三节 自然教育的主要受众

自然教育是全民参与的教育活动。每个人在任何年龄段都会有所需求，也都可能会有与自己的需求相适应的自然教育活动。我们可以通过这些教育活动来体验和感受自然之美，学习自然知识，建立与自然的情感联结。

2015年到2019年，全国自然教育网络与合作伙伴共同开展了4次自然教育行业发展调研。调研结果显示，大多数自然教育机构以小学生及/或亲子家庭为主要目标群体。例如，在2019年的行业发展调研中，第31题"在过去十二个月，贵机构服务的主要人群是谁？请选择最主要的三项"的调研结果显示，参与调研的287家机构中，排名前三的选项分别是小学生（非亲子）（74%）、亲子家庭（71%）、学前儿童（非亲子）（35%）。由此可见，儿童是自然教育最主要的受众（图1-2）。同时，陪伴孩子以亲子家庭形式是参与活动的家长、企业团体也是自然教育的一个重要受众群体。

目标消费者（群体）

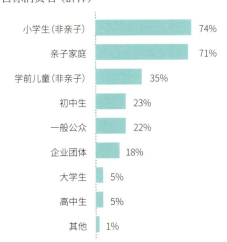

图1-2 2019年自然教育机构自然教育活动的目标受众（百分比）
注：本图摘自于2019年中国自然教育大会 第六届全国自然教育论坛中发布的《2019中国自然教育发展报告》

除此之外，虽然在行业发展调研报告没有特别提及，笔者在对自然教育活动对象进行调研的过程中发现，成年人中的自然爱好者也是一个不可忽视的群体。

儿童对自然总是充满了好奇心

下文将分别就儿童和成人作为自然教育对象，其主要特点和活动设计、活动开展过程中应该着重考虑的要点进行分析。

## 一、儿童

儿童是祖国的未来，他们对自然和社会的理解和认识、责任感和能力的建立和培养，对自然保护和人类社会的可持续发展来说至关重要。可以说，儿童是未来自然保育和可持续发展的生力军。

在本书中，儿童所涵盖的范围遵照联合国《儿童权利公约》（《Convention on the Rights of the Child》）的定义——18岁以下的任何人。为不同年龄段的儿童提供自然教育活动要因人施教，为其设计不同的活动形式和内容。

目前，根据以往的活动经验，并结合儿童身心发展的需求和特点等，针对儿童的自然教育活动通常被分为以下5个年龄阶段：幼龄阶段（3~5岁）、小学低龄阶段（6~8岁）、小学高龄阶段（9~11岁）、初中阶段（12~14岁）和高中阶段（15~17岁）。

### （一）幼龄阶段（3~5岁）

这个年龄段正是儿童建立自我意识的时候。此时，他们的大脑发育正乘着"特快列车"，对周遭的环境和事物充满了好奇心，眼睛总是在不断地搜寻不一样的颜色和形状，听觉和嗅觉开始有意识地加入储存记忆的行列，不停地用手去触摸感受、用脚去丈量身边的世界。他们不需要学习多少有关自然的知识，简单、有趣的五感体验活动，就足以让他们在自然里尽情地感受和玩耍。此阶段对他们来说，"玩"得开心是永恒的主题，也是最主要的"工作"。

### （二）小学低龄阶段（6~8岁）

处于这个年龄段的儿童，开始变得越来越胆大，也更活泼、精力充沛。他们具备了一定的独立思考和理解能力，能够理解简单的游戏规则和原理，热衷团队游戏和户外探索活动，对世界依旧充满了好奇心，专注力有了提高。他们也是参加自然教育活动频率最高、最积极的群体。他们可以很投入，聚精会神地围着蜘蛛结网、蚂蚁搬家等自然现象观察半天；也可以毫无顾忌地趴在地上、树上，用最贴近自然的视角去观察其他生命；他们开始模仿和学

3~5岁儿童更注重活动的体验

6～8岁的儿童开始可以理解一些自然知识

习听到的自然故事，喜欢自然观察、自然手工、自然创作等活动。这个阶段的儿童，是进行自然教育启蒙的最重要的群体。

### （三）小学高龄阶段（9~11岁）

这个年龄段的儿童，开始进行大量的阅读，储备了许多知识，对自然有了一定的了解和认识。他们有更独立的思考和想法，更喜欢自然摄影和创作的活动形式，希望探索自然里的不同事物，制作一些小有成就的东西。那么，五感体验之类的直接感受自然的活动形式是否对他们来说就变得不重要了呢？恰恰相反。通过常年的自然教育实践，笔者发现五感体验能够更好地帮助该年龄段的儿童提升同理心，并留下难忘的童年记忆。同时，自然观察、自然解说之类的更加复杂的活动，能帮助他们理解自然的运行规律，建立正确的价值观和世界观。在他们此刻的世界里，正义感爆棚，会认为救助野生动物、保护大自然是自己义不容辞的责任，并愿意为之立即采取行动。

### （四）初中阶段（12~14岁）

对于该年龄段的儿童来说，进入中学，学习任务加重，能够用于自然教育互动的时间可能会变少。这个阶段，儿童在个人思想上有了更多自己的想法

9~11岁的儿童有更独立的思考和想法

和主张,不会满足于仅仅像比自己年龄小的儿童那样参加简单的自然游戏。他们的自主学习能力、动手操作能力和逻辑推理能力有了很大的提升;对自然的认知更聚焦在自己感兴趣的部分,有自己的诉求和目标;对自然保护问题,有自己的观察和思考,有时候行动力也会更强。因此,根据这些特点,为他们设计有一定深度和难度的探究型自然教育活动是个不错的选择。

### (五)高中阶段(15~17岁)

这个年龄段的儿童,正处于高中学业最紧张、最繁忙的阶段。相比其他年龄段的儿童来说,他们能够参加自然教育活动的时间可能会更少。他们可能会对科学考察、研学旅行、志愿服务等科学性、专业性较强的活动更感兴趣。

## 二、成年人

除了儿童之外,也有越来越多的成年人开始参与自然教育活动。成年人当中主要以陪伴孩子参加活动的家长和对自然有特别爱好的自然爱好者为主,还有一些企业员工通过企业组织的自然教育活动来体验大自然。

无论是家长还是儿童，都能够在自然教育活动中获得大自然的馈赠

**（一）亲子家庭**

亲子家庭是儿童参与自然教育活动的另一种重要形式。低幼龄的儿童，常常需要父母的陪伴一起参与，生态旅行也是家庭出游、参与自然教育活动的另一种常见形式。由亲子家庭参与的自然教育活动，更多地从安全、强度、亲子关系等因素进行考虑。在活动过程中，家长的参与可以协助照顾低幼龄儿童，同时了解和发掘儿童的喜好、兴趣和特长。在亲子家庭中，父母其实更多的是为了儿童而参与活动，主要活动对象还是儿童。刚开始时，家长可能对自然教育并不了解，但在陪同儿童一起参与自然活动的过程中，他们可能

会对自然教育产生更深刻的理解，并认可自然教育对儿童身心健康及成长的重要性。此外，亲子类的自然教育活动，还可以促进家庭中的亲子关系，使儿童得到更好的家庭支持。

参与亲子自然教育活动中的父母，他们一方面想要照顾好孩子，保障活动中孩子的安全，另一方面也很渴望可以学习体验到自然知识，与自然产生联结。他们在活动中常常会回忆起自己儿时对大自然的记忆和联结，并产生莫名的感动和喜悦。有时候在孩子们面前为了保持自己的威严，投入程度也不太容易放开。也有一些家长在自然教育活动中，并不会很投入，甚至还兼

清风鸟鸣从来没有标签与年龄 —— 致敬所有热爱自然的伙伴

顾着自己的工作或看手机。他们会觉得这是给孩子们的活动,把自己置身事外。因此,亲子自然教育活动中,需要对家长的参与进行区别设计。

参与亲子活动的父母,可以从整个活动的时间、内容和安排上进行必要的设计和考虑。活动中既要有适合亲子一起参与的活动和内容,也要有将父母和孩子分开参与的活动和内容,让父母独自参与一些自然教育活动,这样也可以让父母接受自然教育,带来更好的体验效果。比如,一些自然观察活动,可以亲子一起参与;当孩子们进行手工创作或儿童游戏的时候,可以给父母安排一些户外的自然导赏,增加他们对自然知识的了解和学习。活动中将父母和孩子分开进行体验的环节中常常可以让孩子更加投入,减少对父母的依赖,产生更好的活动效果。

自然是最好的老师。无论是成人还是儿童,在大自然面前,永远都是学生。在活动中,我们常常发现儿童比家长的敏感性更强、参与度更高,甚至逐渐形成儿童带领家长参加活动的场面。

### (二) 自然爱好者

在对自然教育活动对象进行调研的过程中,笔者发现成年人中的自然爱好者群体也占了一定的比例,其中不乏有退休的中老年人。

自然爱好者是自然教育中的一个重要群体。他们对自然充满热情,有较深厚的感情。他们比普通公众更渴望走进自然,了解自然的规律,学习自然的知识。他们会很积极地参加自然教育活动,希望认识更多志同道合的伙伴,希望掌握更多自然的规律和经验。有些自然爱好者随着参与自然教育活动的时间次数的增多,开始把走近大自然,进行自然观察融入日常生活形成习惯,也积累了不少自然知识和经验。也有一些自然爱好者甚至来做自然教育的助教,协助自然教育活动的开展,分享他们的一些自然观察和自然故事。

对于自然爱好者参加的自然教育活动,可以结合活动的场地提供更深度的课程内容。比如,物种记录、深度的自然观察等。他们之所以有兴趣参与活动,有些是希望有志同道合的伙伴一起,有些是因为活动地点的自然生境或自然的特殊性吸引他们,也有一些可能是因为活动的老师吸引他们。

在自然爱好者的自然教育活动中,可以让自然爱好者更深入地参与到活动中来,比如,邀请他们作为活动助教来协助活动的开展与实施;也可以邀请他们来分享一些观察到的自然经验等。

每个人,无论是儿童还是成年人,与自然都有着不可分割、难以言说的情感联结。因此,当大家走进自然时,脸上充满了笑容,内心轻松,不时发现惊喜,并像孩童一般,对它流连忘返。

# 第四节 自然教育的作用

自然教育有什么用，或者说，我们为什么要开展自然教育？这是自然教育从业者和参与者经常会被问及的问题。本章开篇提到的一一的故事并不是个例。在全国各地的自然教育实践中，出现了越来越多像一一这样的儿童和他们在自然中成长的故事。不过，由于自然教育在中国还是一个比较新的领域，关于它的成效的评估和研究还比较缺乏。但是，国外已开展了大量有关自然对儿童发展的作用、基于自然的环境教育、自然体验等相关领域的研究。这些研究成果可以帮助我们从不同角度去理解和求证参与自然教育活动给儿童带来的益处，以及对他们的健康成长所产生的影响。

查拉（Chawla，2015）梳理了20世纪70年代到2015年间出版的相关研究成果，并应用1998年诺贝尔经济学奖获得者阿马蒂亚·森（Amartya Sen）提出的人类发展的"可行能力理论"（the capabilities approach），分析接触自然对儿童健康和福祉的影响。"可行能力理论"用"个人在生活中实现各种有价值的功能的实际能力"来评价生活质量（Sen，1993）。努斯鲍姆（Nussbaum，2011）在此基础上，进一步提出了有尊严的幸福人生的十个最基本的能力。查拉（Chawla，2015）把文献综述中的研究结果与努斯鲍姆（Nussbaum）的框架相对照发现，自然应该是儿童成长环境的基本要素，接触自然对儿童的全面发展、健康与福祉至关重要（图1-3）。

虽然以上研究主要侧重于接触自然对儿童健康与福祉的影响，提出在社区规划和设计中，应该充分考虑儿童对自然的需求，但是也说明了帮助儿童建立与自然联结的重要性。自然教育正是强调了在自然中进行的或运用各种形式接触自然的教育活动。

城市儿童逐渐远离自然的一个直接原因，是城市内及周边自然绿地的减少。在中国，这种情况尤为严重。随着经济快速发展和城市化进程，为了向建筑业和工业供给原材料和土地，大量的自然区域被开发。此外，城市里的家长担心儿童在户外活动的安全问题，以及现在很多儿童已经习惯了在有电源的空间玩耍、沉溺于电子游戏和网络世界，这更进一步促使儿童远离自然。

参与自然教育活动，可以激发儿童对自然的好奇心，学习自然探索和体验的方法，养成与自然亲密互动的习惯，建立与自然的联结，从而在身心健

| 十项基本能力 | 作用 |
| --- | --- |
|  生命 (life)<br>正常长度的人类预期寿命；不会过早死亡 | · 提升新生儿体重和头围；<br>· 降低婴儿死亡率 |
|  身体健康 (bodily health)<br>可以拥有良好的健康水平 | · 在某些情况下，降低哮喘和过敏的患病率；<br>· 阳光照射促进产生维生素D；<br>· 增强身体的协调和平衡；<br>· 更多体力活动；<br>· 健康体重；更稳定的身体质量指数 (BMI) |
|  身体健全 (bodily integrity)<br>可以在各地之间自由移动 | · 更多在公园或者绿道步行或者骑单车；<br>· 在自然环境中自由地探索 |
|  感觉、想象和思考<br>(senses, imagination and thought)<br>能够运用感官并且有愉悦的体验；能够想象、思考和推理 | · 更能集中注意力；降低粗心和冲动；<br>· 运用想象力玩耍；善用自然元素；<br>· 在自然中运用多种感官进行体验 |
|  情感 (emotion)<br>有爱的能力，可以去爱外在于我们自身的人与物；<br>能感受到各种情感；情感发展不会被恐惧、焦虑所破坏 | · 地方感的培养；<br>· 体验环境能力（感知身边的环境及其影响，并且根据自身需要利用或改变环境）；<br>· 在自然环境中进行情绪调节；<br>· 降低抑郁、心理痛苦、压力；感觉更加充满能量 |
|  实践理性 (practical reason)<br>有能力形成一种人生观，进行有关生活规划的批判性反思 | · 参与评估和规划健康的生活环境 |
|  归属 (affiliation)<br>能够与他人共同生活在一起，承认并且展示出对他人的关切 | · 参与更多富有协作和创造性的社会性游戏 |
|  其他物种 (other species)<br>在生活中可以关注动物、植物和自然世界，并与它们保持联结 | · 直接身处自然之中；<br>· 通过探索和互动，学习自然知识；<br>· 感觉与自然的亲密感和联结；<br>· 童年在自然中玩耍为终身爱护自然、选择到自然中的休闲方式奠定基础 |
|  娱乐 (play)<br>有能力去欢笑、游戏、享受休闲活动 | · 更多地参与在绿色社区的户外游戏；<br>· 更多地参与在自然环境中的富有创造力的游戏 |
|  对外在环境的控制<br>(control over one's environment)<br>能够拥有财产，享有财产权；有参与政治活动的权利 | · 拥有适当的不受成年人控制的在未开发土地玩耍的自由；<br>· 参与社区的规划和设计 |

图1-3 身边的自然在帮助儿童提升能力方面的作用 (Chawla, 2015)

注："十项基本能力"源于努斯鲍姆 (Nussbaum, 2011)，查拉 (Chawla, 2015) 在使用时，从儿童发展的角度对此有所修订。

用触觉体验树干，用心联结大树

修筑水坝，考验的可不仅仅是体力和耐力

康、人格培养、学业发展、环境素养等方面，对儿童全面发展、未来拥有更加幸福的人生发挥重要作用。

### 一、有益于身心健康

"自然缺失症"是促使自然教育在中国产生和发展的一个重要原因。理查德·洛夫在《林间最后的小孩》里明确提出，"自然缺失症"不是一种需要医生诊断或者药物治疗的病症，而是由于儿童与大自然接触越来越少，继而容易引发一系列生理和心理上的问题，包括对身边的动植物缺乏了解容易引发的忧郁症和注意力不集中等心理疾病，缺乏户外活动导致的肥胖症和近视以及创造力下降等。我们必须承认，自然教育不是一种针对上述问题的万能解药，然而，它又确实对解决此类问题有一定的促进作用。

2016年，美国儿童与自然网络（The Children & Nature Network）、美国国家城市联盟（The National League of Cities）和JPB基金会（The JPB Foundation）共同梳理相关研究成果，总结出自然中体验在以下方面有益于儿童的身心健康。

① 宝宝更健康：妈妈在自然中的体验有助于胎儿更好地发育，生出来的宝宝体质更健康。② 视力更健康：在阳光下的活动能够提升维生素D水平，降低眼睛近视的可能性。③ 增加体能运动、降低肥胖症风险：经常去公园和绿地，可以增加儿童的体能活动，降低罹患肥胖症的风险。④ 社会情绪更健康：在自然中学习有助于提升人际交往能力，减缓压力、愤怒和侵略性。

自然教育帮助儿童建立与自然的联结，增加到户外活动的时间，有助于视力健康。儿童的视力健康让很多家长深受困扰。有研究表明，到2050年，全世界将近一半人都会患有近视。近视已成为一个全球性的问题。中国的情况也不容乐观。根据国家卫生健康委员会2020年6月颁布的首份《中国眼健康白皮书》，中国儿童近视率为53.6%，大学生近视率更是超过90%。

科学界关于近视的成因也一直争论不休。传统观点认为，近视和阅读有关，特别是电视和电脑普及之后，令人长时间盯着屏幕，导致了近视率的大幅度上升。也有观点认为，近视是遗传导致的。然而，现在越来越多的证据显示，近视很有可能是和在室内待的时间过长，缺少日光照射有关。澳大利亚在针对4000多名中小学生进行3年的跟踪研究之后发现，室外活动时间较少的儿童患上近视的风险更高，甚至室内运动都不能起到保护视力的作用。科学家们推测，阳光可以促进视网膜中多巴胺的释放。这种物质能够在眼球的发育过程中阻止眼轴变长，进而避免了近视。

自然教育还有助于儿童体能的全面发展。不少关注儿童健康的研究表

自由奔跑，活力无限

明，相对复杂的地形比平坦的地形更能促进儿童体能的全面发展，例如，爬树、在木头上保持平衡、在泥泞的斜坡上行走和使用各种工具建造临时建筑等各种运动。自然教育活动带给儿童在户外体力方面的锻炼，并不是当前城市中所流行的体育项目训练能够完全代替的。而自然教育机构在选择活动场所时，首先除了关注安全条件外，还会尽量挑选那些具有丰富多样的自然景观、不同类型的生境、不同坡度和粗糙度的地形等特征的场地。自然教育者利用多样的、具有挑战性的自然元素，比如，需要踩鹅卵石或者浮桥才能渡过的溪流、有斜坡的草地或者灌木丛、巨大的倒木、泥泞的林间小道等，开展活动，让儿童置身于复杂的环境中进行自然体验，无形中强化了对儿童身体素质的培养。

### 二、有利于人格培养

我国著名教育家蔡元培先生曾指出，教育的重要宗旨是"养成健全的人格"。健全的人格应该是完整的、和谐的人格，它是创造性思维产生的重要前提，是实现自我价值的重要条件（申思，1998）。健全人格的养成是一个持续的过程。健全的人格要把伦理道德从人与人之间的关系扩展到人与自然的关

走进丛林，勇者无畏

系中去。人在尊重自然的同时要把自己视为自然的一部分，从而达到人与自然的和谐。

美国资深记者保罗·图赫（Paul Tough），在2012年出版了《孩子如何成功》（《How Children Succeed》）一书。该书引述了心理学家的研究：在24种人格特质中，有7种人格特质最能够预测儿童未来的"生活满意度"和"高度成就"，它们是恒毅力、自我控制、热忱、社会智慧、感激、乐观、好奇心（张云腾，2020）。而在这7种人格特质中，大部分和"恒毅力"相关。

恒毅力是一种基础性的人格特征，它对于人一生的健康和福祉都有着重要的积极影响。香港大学建筑系学者姜斌和硕士生张笑来，从景观心理行为学的角度对恒毅力和自然教育的关系进行了研究（张笑来和姜斌，2019）。该研究表明，接触自然对当代人恒毅力的养成有显著的促进作用。根据人类身心发展的规律，以培养恒毅力为主要目标的自然教育最好从学龄前儿童期（5~6岁）开始进行。

"恒毅力"的英文是grit，本意是坚韧耐磨的"砂砾"，也被翻译成"坚毅"。2013年，美国宾夕法尼亚州立大学心理学系的美籍华人学者安杰拉·

达克沃思（Angela Duckworth）在TED大会①上发表了以"恒毅力"为主题的演讲，提出人生成功的关键因素既包含坚持不懈的努力，也同样需要驱动努力的热情。之后，她出版了《坚毅：释放激情与坚持的力量》（《GRIT: The Power of Passion and Perseverance》）一书。在书中，她强调坚毅是最为可靠的预示成功的指标。在遇到挫折、失败时，仍能坚持不懈地朝着自己的目标努力，这才是决定长期成功的因素。这一点比智力和天赋更重要。

恒毅力属于一种隐性的品质，往往难以量化其对人生的影响，因此也往往不受重视。现代社会的家长们似乎更信任和重视让儿童在短期内掌握"看得见，摸得着"的具体技能，即使对恒毅力有兴趣，也不知道该如何下手培养。

姜斌等（2019）却发现，在所有儿童教育的反思中，几乎没有谈到"自然缺乏导致恒毅力缺乏"这一因果关系，这种忽视在中国尤其明显。他认为，儿童在成长过程中，和大自然缺乏接触应该也是导致其恒毅力缺乏的因素；反过来说，以改善"自然缺失症"为目的的自然教育，能够在培养儿童恒毅力方面起到积极的作用。

健全的人格还包含了积极、正面地对待挫折与挑战。自然教育强调在户外开展，经常碰到的意外就是下雨。对于有经验的自然教育工作者来说，在面对突然下雨的情况时，他们不会轻易取消活动，而会根据雨量的大小来适当调整活动的内容，尽量争取在雨中也能开展相关的活动。因为下雨本身就是一种自然现象，自然教育应该教会儿童如何和雨相处。研究证明，在户外探险类活动中，面对充满挑战和不可预测的自然环境，儿童能逐渐学会情绪上的自我控制，对突发的环境事件做出适当的反应。自然有美丽的一面，也有严酷的一面，自然教育正是希望通过接触自然的多样性来培养人对自然的正面情感。

一些难度高、相对不舒适的或在陌生环境下进行的自然体验可以培养儿童处理困难的相关品质，例如，坚持、自信心、接受失败、勇气以及管理时间的能力。这类自然教育活动会鼓励和帮助儿童不断尝试，突破舒适区，提升处理困难和挑战的能力，获得成长的契机。在中国科学院西双版纳热带植物园组织的夜游活动中，有一个环节是在一条光线较为黑暗的道路上关掉光源，鼓励儿童单独或者成对地沿着道路行走约300米，并注意倾听周围的声

---

① TED国际会议于1984年第一次召开，由里查德·沃曼和哈里·马克思共同创办，从1990年开始每年在美国加利福尼亚州的蒙特利举办一次，而如今也会选择其他城市每年举办一次。它邀请世界上的思想领袖与实干家来分享他们最热衷从事的事业。"TED"由"科技""娱乐"以及"设计"三个英文单词首字母组成，这三个广泛的领域共同塑造着我们的未来。

天上的星空和脚下的地球，还有月光下的"小夜猫们"

音。这往往是夜游活动的高潮。这个环节能够充分感受到儿童从最初的紧张、害怕、拒绝到行走完之后的兴奋、成功挑战自我的喜悦和要求重新走一次的渴望。

### 三、有助于学业发展

美国儿童与自然网络、美国国家城市联盟和JPB基金会在梳理相关研究结果的过程中也发现：在自然中的体验和学习能提升儿童的学业表现、专注力、行为表现和对学习的兴趣，从而提升教育成果。

① 提升学业表现：在自然中学习有助于提升在阅读、写作、数学、科学和社会研究等学科中的表现，提升创造力、批判性思维和解决问题的能力。② 提高专注力：在自然中的学习和体验能帮助儿童集中注意力，具体表现在增强专注力、减缓多动症的症状。③ 增强学习兴趣：在自然中的探索和发现，有助于提升儿童的学习积极性，增强其对学习的兴趣，使他们更加积极地参与学习活动。④ 改进学习中的行为表现：基于自然的学习有助于减少学习过程中的纪律问题，进行更好的冲动控制，减少扰乱学习活动的行为。

美国研究学会（American Institutes for Research）于2005年的一项研究表明，当学校采用户外教室和其他基于自然的经验学习方式时，学生在社会研究、科学、语言、数学等方面都有更好的表现。参加户外科学教育课程的学生，其科学测试分数提高了27%（AIR, 2005）。

急救南岭保育项目的志愿者们

自然教育是在真实环境中的学习，将自然和社会文化环境中的真实事物和问题作为学习和探究的对象，有助于提升儿童的学习兴趣和专注力，培养对学业成长至关重要的品质。如果在活动设计中，能够有意识地与学校课程的学习内容和课程标准相结合，还能有效地提升儿童的学业成绩。用真实世界中的问题作为出发点，学习科学、数学、语言等学科，不仅有助于学生理解和掌握学科知识，还能够帮助他们建立学科间的联系，实现课程的整合，有助于其建立完整的知识体系、解决新问题、实现知识的迁移与应用。

**四、有助于环境素养提升**

如果说身心健康、人格培养和学业发展是个体家庭更加关心的自然教育的作用，那么，通过自然教育提升参与者的环境素养则对于自然保护及人类社会的可持续发展更为重要。

很多研究表明，与自然建立联结能够培养人对自然的关注和情感，并使其愿意为自然和自然系统的健康而努力（Kellert, 2012; Chawla, 2012）。

#NatureForAll是由世界自然保护联盟（IUCN）世界保护地委员会（WCPA）和教育与宣导委员会（CEC）于2016年共同发起的一项全球行动，旨在激发人们对自然的热爱。行动发起者认为越多人体验自然、与自然建立联结、分享自己对自然的热爱，就会有越多的保护自然的支持者和行动者。基于相关研究，#NatureForAll提出了8条激发人们对自然热爱的指导原则：

① 令人们采取有益于自然的行动，知识学习固然很重要，但是仅学习相关知识是不够的。

② 与自然的联结，更有可能产生积极的保护自然的行为。

③ 在自然中进行有意义的积极的体验，是形成对自然的爱或联结的有效方式，而且能够进一步引导人们采取保护自然的行动。

④ 童年在自然中有正向的直接体验和身边有保护自然的榜样，是儿童成年后选择环境友好行为的两个最重要的因素。

⑤ 为培养环境行为而设计的学习活动，如果能持续一段时间，让参与者获得实践行动技能的机会，并且能够取得一些看得到的结果，会更有可能成功地达到学习目标。

⑥ 在自然中的社交体验，能培养参与者之间、参与者与自然之间的联结。

⑦ 最影响人们采取环境友好行动的因素包括：在自然中的直接体验、在自然中的自主学习和游憩、对自我效能的自信、充满爱心的导师，以及与自然的情感联结。

⑧ 拥有地方感的人，更有可能保护当地的环境、反对破坏环境的行为。

在这8条指导原则中，反复强调了"在自然中的直接体验"对于与自然的联结、选择环境友好行为方式以及采取保护自然行动的重要性。"童年在自然中的直接体验"，就是"重要生命经验"（significant life experiences）。国内外关于"重要生命经验"的研究成果，有力地支撑了自然教育作为培养自然守护者的重要途径的作用。

最早提出"重要生命经验"这一概念的，是著名的环境教育研究者、美国爱荷华州立大学教授托马斯·坦纳（Thomas Tanner）。他研究了4家环境保护机构的工作人员，请他们描述在成长过程中的哪些生活经历促使他们选择从事当前的职业。该研究结果发现，青少年时期的户外经历以及在相对原始的自然环境中长大对他们的职业选择非常重要（Tanner, 1980）。

此后，世界各地都有研究者进行"重要生命经验"的研究工作。尽管不同的研究有不同的侧重点甚至有争议，但也产生了一些共性的研究结果。例如，大量的研究都表明，儿童时期在自然中玩耍的经验具有特别重要的意义。此外，身边有具有榜样作用的成年人、大学阶段有过环境保护组织志愿服务的经历也具有很大的影响力（Peterson, 1982; Chawla, 1998; 许世璋, 2005; Li和Chen, 2015）。

综上所述，对个体家庭而言，参与自然教育活动对儿童身心的健康发展、人格培养和学业发展都可以产生积极的作用。对人类社会整体而言，儿童是社会的未来，促进儿童的健康与福祉是社会发展的重要目标，而通过自然教育培养儿童对自然的认知、情感和环境友好的行为，并使其在未来的生活和工作中与自然和谐相处，成为自然的守护者，是人类社会可持续发展的基石。

最后，还必须指出，并不是所有的自然教育活动都能够产生以上所有的作用。影响自然教育活动成效的因素包括活动设计、导师的参与度、活动持续时间的长短、发生的频次等。活动设计中目标不明确、未能根据活动目标和对象的特点设计相应的活动内容，活动执行中安全管理出现问题，导师欠缺经验或者某些行为细节的疏忽等，都有可能导致自然教育活动无法达到预期的效果，甚至产生负面的影响。同时，自然教育机构和从业者应该重视自然教育的成效评估，与专业的评估和研究团队开展合作，或者自行选择适当的评估工具，了解活动成效和参与者的反馈意见，根据发现的问题和存在的不足进行相应的优化和提升。

# 第五节 自然教育在中国的发展

自然教育是在当下中国的新时代背景与社会环境下应运而生的产物。它受到了《林间最后的小孩》的催化，借鉴了日本自然学校的理念和模式，受到了欧美环境教育、户外教育、森林教育等体系的影响，却不是任何一种国际模式的简单复制。它是植根于本土文化土壤，呼应时代发展的社会需求，从而形成的独特的新兴行业形态，是具有中国特色的概念和体系。

本节将回顾自然教育在中国产生和发展的历程，梳理中国自然教育的思想源流，即哪些教育模式或者教育思想影响了中国自然教育，以及自然教育在中国产生和快速发展的动因和基础，以便帮助读者进一步理解自然教育及其与其他教育模式的关系。

## 一、中国自然教育的发展脉络

自然教育在中国开始迅速发展的时间节点可追溯到2010年前后。根据《2015年自然教育行业发展调研报告》，从创建时间看，自然教育机构在2011年以后出现了井喷式发展的态势。自然教育在中国产生和发展，大致经历了3个时期：孕育期、萌芽期和发展期（图1-4）。

图1-4 中国自然教育发展时间轴

### （一）孕育期（1994—2008年）

因为深厚的渊源和发展的延续性，自然教育在中国的产生与发展跟环境教育存在着紧密的联系。可以说，中国自然教育是孕育在环境教育中的。

中国的环境教育始于1973年，标志是第一次全国环境保护会议颁布的《关于保护和改善环境的若干规定》中提到"要努力开展有关环境保护的研究、宣传和教育"。1992年，国家提出"环境保护，教育为本"的方针；1994年，颁布了《中国21世纪议程》，将环境教育的目标提高为培养和增强公众可

自然之友玲珑塔聚会

持续发展意识和有效参与；1996年，国家环境保护局、中共中央宣传部、国家教育委员会联合印发首个《全国环境宣传教育行动纲要》(1996—2010)，指出"要根据大、中、小学的不同特点开展环境教育，使环境教育成为素质教育的一部分"。2003年，教育部颁布《中小学环境教育实施指南(试行)》，将环境教育定位为基础教育课程不可缺少的组成部分。此外，教育部还在北京师范大学、华东师范大学等师范大学设立环境教育中心，通过理论研究、课程研发、师资培训等方式推动全国环境教育的发展。

与此同时，随着民间环境保护运动的兴起，民间环境保护组织也开始成为环境教育的一支重要力量。在自然教育孕育期，许多开展环境教育相关工作的机构，例如，自然之友、大学生绿色营、山水自然保护中心、世界自然基金会、香港社区伙伴、中日公益伙伴、荒野保护协会等，也在自然教育方面进行了探索、实践和推广。

1994年，第一个全国性的民间环境保护机构——自然之友正式注册成立，被视为中国民间环境保护运动的起点。从成立之初，自然之友就把环境

自然之友羚羊车项目

教育作为重要策略。从1997年开始,自然之友应德国汉堡市"拯救我们的未来"环境保护基金会邀请,连续几年组织教师和志愿者到德国考察并学习环境教育(胡雅滨,2000)。在自然中开展参与式、体验式的教育活动对自然之友的环境教育实践产生了深刻的影响。2000年,自然之友翻译出版了美国著名户外教育专家约瑟夫·克奈尔(Joseph Cornell)编写的风靡全球的自然体验经典书籍——《与孩子共享自然》。该书汇集了50个自然体验游戏,把自然游戏和克奈尔创立的户外学习法——流水学习法介绍到了中国。同年,自然之友从德国引进中国第一辆环境教育教学车——羚羊车,通过流动环境教学模式、自然体验游戏来开展环境教育。

自然之友成立的前一年,香港自然协会成立,并于1998年正式注册。香港自然协会也深受克奈尔的影响,从1997年开始采用共享自然教育理念和流水学习法,并结合在地实践和道家哲学,发展出情意自然教育的理念和方法。"情"是情感,"意"是意志。情意自然教育认为,在现代社会,人们只侧重于追求知识,却没有好好发展情感的能力,知识很容易被滥用。因此,情意自然教育不以知识、技能为主导,而是提倡重新建立人与自然、人与人、人与自我的关系,培养头脑的思考力、心灵的感受力和手脚的行动力。2008年,来自香

1996年，大学生绿色营远征白马雪山

徐仁修老师带领绿色营开展自然解说员训练营

港自然协会的清水老师受香港社区伙伴邀请，到内地开展人才培养和乡村发展。自此，情意自然教育在内地开始逐渐推广。

2006年，大学生绿色营（简称绿色营）转型也是自然教育孕育期的一个重要事件。绿色营由原《大自然》主编、《环球绿色行》作者唐锡阳及其夫人马霞于1996年创建，以关心环境保护的大学生为主体，每年深入一个环保热点，通过科学考察和社会调查，最终形成调查报告向有关政府决策机构提供建议和对策。绿色营成功地探索出了一种大学生参与环境保护活动的模式，并为中国环境保护事业培养和输送了很多青年人才。2006年，在绿色营成立

我们与自然万物共同组成了生命之网

十周年之际，其核心成员开始反思和探讨绿色营未来的发展之路，随后决定借鉴荒野保护协会的模式，将活动模式转型为通过自然讲解员培训，培养自然保护的青年人才。

荒野保护协会（简称荒野协会）成立于1995年，致力于保存台湾天然物种，让野地能自然演替；推广自然生态保育观念，提供大众自然生态教育的环境与机会；协助政府保育水土、维护自然资源；以及培训自然生态保育人才。作为一个民间自然保护机构，荒野协会的环境教育工作具有明显的保护教育的特征，保护教育也是它和绿色营能够深度合作的基础。

2007年，荒野保护协会创会理事长徐仁修老师正式开始帮助绿色营转型，每年暑假扎根一个保护区，面向大学生举行自然讲解员培训。2008年，绿色营在全国有绿色营小组的城市开始发展自然解说员培训，并通过培训的志愿者在北京、天津、上海、广州、厦门、昆明等城市开展定点观察和自然体验活动。绿色营的转型和自然讲解员培训的兴起，为自然教育的快速发展奠定了非常重要的人才基础。

在政府机构和民间组织的不懈努力下，公众的环境意识不断提升，环境保护观念开始深入人心。民间环境保护组织逐步走进社区和学校，组织公众和学生到自然风景区、保护地、湿地公园等自然环境中体验大自然，学习相应的环境知识。与此同时，自然保护地等场域也开始为公众提供相应的教育设施和活动场所。比如，修建宣传教育场馆、标本馆等，为来访者展示和讲解保护地的发展历程、生物多样性知识等内容；修建绿色步道、生态走廊等，供游人观赏保护地范围内的自然景观、特殊的生物资源；一些保护地还承接中小学、高等院校等单位的夏（冬）令营、社会实践等活动。这些活动为自然教育日后在中国的萌芽、快速发展奠定了良好的基础。

### （二）萌芽期（2009－2013年）

2009年，"自然教育"一词正式被民间机构用作为项目名称，也有机构将自然教育作为主要业务，标志着中国自然教育进入萌芽期。在这一年，为了让环境教育能够进入主流视野，同时也为了培育机构的"自我造血"能力、开拓生存空间，自然之友基于羚羊车项目开发了收费的自然体验活动，开始探索自然教育的社会企业之路。同年，上海绿洲生态保护交流中心（简称上海绿洲）也进行了机构转型，其工作内容从野生动物保护扩展到自然教育、低碳环保、垃圾减量等大环境保护概念的范围，自然教育成为机构的核心业务之一。

2009年，自然之友开发了"青少年自然体验营"计划，面向城市家庭，提供收费的自然体验服务。该项目以收费活动来支持项目运作成本，并将盈余补贴到对弱势人群的支持中。该项目获得英国大使馆文化教育处、友成企业家扶贫基金会和南都公益基金会联合支持的社会企业初创期奖金8万元。自然教育"自我造血"的潜力开始获得关注。

同年，自然之友开始了第一期自然体验师培训。当时，该培训项目还归在环境教育的框架下，但是以在自然中的教育为主体，提供自然游戏、流水学习法、自然观察、植物识别、观鸟等培训内容。除了涵盖传统环境教育知识、意识、行为的学习目标外，自然之友还通过培训建立自然体验师志愿者团队，协助自然体验活动的研发、培训、专题课程指导等工作。几年后，自然体验师作为核心成员，参与发起了创办自然之友·盖娅自然学校。这是一个社会企业类型的自然教育机构。

2010年，自然之友翻译出版《林间最后的小孩》，是自然教育萌芽期的另一个里程碑式的事件。"自然缺失症"一词及其内容被引入国内，让人们开始关注儿童与自然的联结，以及自然教育对于儿童健康的重要性。自然之友环境教育的目标也在那一年调整为：以自然体验为主要手段，重建城市中人与自然的关系，提出"向'自然缺失症'说不"。越来越多的自然教育机构开始重视儿童"自然缺失症"的问题，并把这个观念结合到自然教育活动的推广中去。

"自然缺失症"真正走进公众视野，始于2013年上海绿洲发布的《城市中的孩子与自然亲密度的调研报告》。上海绿洲致力于保护城市周边地区的生物和自然环境，并通过教育、社区参与和政策宣传提倡生态友好型生活方式。2008

年,上海绿洲在上海科技馆旁的小湿地组织以自然观察和生态保护为主题的自然教育活动。2012年,上海绿洲在淀山湖水源地保护区成立岑卜自然学校,面向当地与城市中的儿童推广自然体验活动。为了了解"自然缺失症"在中国的状况,上海绿洲开展了"城市中的孩子与自然亲密度"调研。调研结果显示,在受调查的1300多名儿童中,有12.4%的儿童具有"自然缺失症"的倾向,其行为表现为如注意力不集中、情绪调节能力和环境适应能力较差、对大自然缺乏好奇心等。该调研报告被国内媒体广泛报道。这次事件让更多普通公众了解了"自然缺失症"。

基于"自然缺失症"带来的反思和紧迫感、自然教育"自我造血"的可能性、已有的自然教育方法的实践经验,再加上自然解说员训练营、自然体验师培训、情意自然教育工作坊等培训项目奠定的专业人才基础等,2011年前后,各地的自然教育机构如雨后春笋般涌现出来。随着机构间的互动、合作的增加以及网络建设的逐渐形成,自然教育慢慢有了由点到面之势。

2010年,中日公益伙伴在上海举办了第一次以"自然学校"为主题的工作坊,随后多次组织国内相关人员到日本的自然学校研修学习,也多次邀请日本专家到国内开展培训。2011年,日本国际协力机构(Japan International Cooperation Agency, JICA)和中国国际经济技术交流中心主办了以环境教育为主题的"第三届中日NGO论坛",许多机构在此次论坛上首次接触到自然学校的概念。2012年,中日公益伙伴推动日本国际协力机构启动"日本自然学校技术援助"计划,通过培养自然学校的领导人才、构筑自然学校的全国网络以及编写培训教材,促进自然教育在中国的发展。

自然学校的核心宗旨是让学生走出课堂,进入自然和社区,进行户外教育,在"大自然教室"中开展自然观察、营队活动、生态旅行、自给自足的生活体验等自然教育课程。同时,日本的自然学校重视需求和实效性,注重把学到的环境知识运用到生活实践中,解决生活中遇到的环境和可持续发展问题。日本的自然学校让一些环境教育、保护教育的机构和团队看到了通过基于场域的方式扎根、积极开展教育活动的可能性,并且更深入地思考教育与社区、教育与生活的关系。

2012年,教育部联合环境保护部印发了《关于建立中小学环境教育社会实践基地的通知》,要求各地有效整合社会资源,依托现有的环境保护科技展览馆、自然保护区等场域建立中小学环境教育实践基地,开展环境教育与自然教育实践。

2012年,在日本国际协力机构(JICA)的支持下,中日公益伙伴与山水自然保护中心合作启动了引进日本自然学校工作经验的项目,并分别在成都、北京

首届自然教育论坛合照

举办了"自然有答案"自然教育交流会。交流会的参会者来自政府、民间环境保护和教育机构、媒体、艺术等不同领域,大家针对自然教育的理念、意义、实践、行业构建等问题进行了讨论。该交流会使中国本土自然教育网络的建立和跨界合作具有了可能性。

2013年9月,第二届中国公益慈善项目交流展示会在深圳举行。上海绿洲联合红树林基金会(MCF)主办"自然教育沙龙暨自然缺失症调研项目启动仪式",探讨自然教育在国内外发展的情况,分享本土化自然体验推广的实践经验,探讨未来"自然缺失症"的调研方向。这次活动结束后,两家机构联合自然之友、山西太原绿芽自然教育工作室、重庆市自然介公益发展中心等,在全国范围内展开进一步的城市儿童与自然亲密度调研工作,并于2015年7月发布了调研结果,让"自然缺失症"和自然教育获得了更广泛的社会关注。这次沙龙活动结束之后,参会嘉宾初步探讨了在厦门举办自然教育论坛的可能性,由此开始了第一届全国自然教育论坛的筹备工作。

自然教育在中国很快就得到了广泛的认同。当自然教育在全国范围内发生、发展所积聚的能量达到一定的程度时,自然教育作为一个新兴行业,亟须汇聚力量,抱团取暖,同时,对专业化、规范化的需求开始萌发。于是,由民间发起,政府相关部门、企业、社会组织共同参与和支持的行业交流及互助共建的全国自然教育网络平台应运而生。

去到野生动物的栖息地进行自然观察

### （三）发展期（2014年至今）

2014年8月，第一届全国自然教育论坛在厦门举办。随后，论坛每年举办一次，成为行业发展的一个重要的信息发布、学习交流、人才培养、国际交流、行业研究、政策推动的民间公益平台。中国自然教育开始进入发展期。民间自然教育的发展与活跃得到了各地政府相关部门的关注、肯定与支持。政府部门也开始颁布相关政策，进一步推动了自然教育的快速发展。连续几年，教育部、生态环境部、国家林业和草原局、文化和旅游部等部门纷纷发布

了与自然教育有关的政策和计划,还提供一定的扶持资金,让自然教育行业开始走向蓬勃发展的快车道。

2014年,生态环境部宣传教育中心(原环境保护部宣传教育中心)在深圳市华基金生态环保基金会的支持下,启动了国家自然学校能力建设项目,通过人才培养、自然学校试点建设、自然教育资源开发等,探索政府、企业、非政府组织、媒体、学校、社区协力合作的工作机制,有力地推动了自然教育的发展。

此外,自从2013年国务院办公厅发布《国民旅游休闲纲要(2013—2020年)》,首次提出"逐步推行中小学生研学旅行"以来,研学旅行市场不断发展壮大,而以自然教育为主题的自然研学旅行即是其中重要的组成部分。2016年年底,教育部等11个部门联合发布《关于推进中小学生研学旅行的意见》,明确将研学旅行纳入学校教育教学计划。这成为研学旅行与自然教育市场发展的重大利好因素。

生态旅行也是近些年来兴起的一大市场。2016年8月,国家发展和改革委员会联合旅游局在广泛调研的基础上,组织编制并发布了《全国生态旅游发展规划(2016—2025年)》。规划中把"环境教育体系"视为生态旅游的核心体系之一,同时鼓励"结合当地社区发展开设自然学校,为中小学生提供认知自然的第二课堂"。

2017年9月,教育部发布了《中小学综合实践活动课程指导纲要》(简称《纲要》),要求各地充分认识综合实践活动课程的重要意义,确保综合实践活动课程全面开设到位。《纲要》中的实践活动课程希望引导学生从日常学习生活、社会生活及与大自然的接触中提出具有教育意义的活动主题,使学生获得关于自我、社会、自然的真实体验,建立学习与生活的有机联系。《纲要》为1~12年级的学生提供了不同主题和内容的自然教育活动。

2017年9月,中共中央办公厅、国务院办公厅印发了《建立国家公园体制总体方案》,其中提到"国家公园……开展自然环境教育,为公众提供亲近自然、

中国自然教育大会 第六届全国自然教育论坛合照

体验自然、了解自然的机会",把自然教育作为国家公园的核心功能之一。

2019年4月,国家林业和草原局发布《关于充分发挥各类自然保护地社会功能 大力开展自然教育工作的通知》,把开展自然教育的范围进一步扩大,要求我国包括国家公园在内的各类保护地要"大力提高对自然教育工作的认识,努力建设具有鲜明中国特色的自然教育体系"。接着,中国林学会召开了全国自然教育工作会议,成立了自然教育总校,并向首批20个自然教育学校（基地）授牌。

2019年11月,由国家林业和草原局、湖北省人民政府指导,全国自然教育网络和中国林学会、阿里巴巴公益基金会、湖北省林业局共同主办的"中国自然教育大会 第六届全国自然教育论坛"在中国地质大学（武汉）召开。论坛围绕"推进自然教育 共筑生态文明"主题,旨在弘扬生态文明理念,交流自然教育经验,研讨推进自然教育健康有序发展的有效措施。

纵观10年来"自然教育"在我国的发展历程,可以看出其出现和兴起具有明显的民间自发性,是民众结合时代发展和个人成长的社会需求自发提出的理念,是自然教育实践者们身体力行、探索行动的体现；代表了社会民众在国家生态保护战略的推动下,探寻"人与自然和谐共生"的努力和期待,是我国生态文明建设得以落地生根的基础。

在中国自然教育跨入新的十年之际,希望自然教育行业在国家各个相关部门的肯定和支持下能够获得持续健康的发展,从而推动全社会形成尊重自然、顺应自然、保护自然的共识,引导公众走进自然、认识自然、了解自然,进而关注自然、保护自然,为建设生态文明和美丽中国作出积极贡献。

**二、中国自然教育的思想源流**

从中国自然教育的发展脉络可以看到，环境教育、户外教育、保护教育、体验教育等都对中国自然教育的产生、发展产生了重要的影响，有的是在思想层面，有的是在实务层面，有的带来了新的方法，有的带来了新的认识角度。

黄宇和陈泽（2018）认为，中国的自然教育应该被界定为"自然体验学习"，其思想源流是自然研习、保护教育和户外教育。自然研习运动和保护教育也被认为是环境教育的开端（McCrea，2006）。阿德金斯和西蒙斯（Adkins和Simmons，2002）则认为户外教育、体验教育和环境教育虽然是3种不同的教育方式，但是它们都源于（或者至少部分源于）杜威的实用主义教育哲学和方法，而且它们正在走向整合，当它们互相支持的时候，教育效果才最好、最持久。

**（一）自然研习（nature study）**

自然研习是19世纪末兴起于美国的一场教育运动，提倡"在自然中""向自然学习"。当时美国刚刚经历了工业化和城市化进程，大量人口移居城市，与乡村和自然疏离。工业革命后，大规模农业和工业科技发展对自然所造成的影响也初见端倪。人们开始反思人类活动对自然环境的影响，担忧子孙后代的未来，思考人类对自然应该承担的责任。于是，自然保护理念开始逐渐发展，自然研习运动也得到了人们的广泛关注，并且深刻地影响了奥尔多·利奥波德（Aldo Leopold）、蕾切尔·卡森（Rachel Carson）等现代环境运动的重要领袖。因此，自然研习运动也被认为是环境教育与自然教育理念产生的开端。

最早的自然研习理念出现于19世纪50年代。美国哈佛大学生物学家和地质学家路易士·阿格西（Louis Agassiz）深信教育在科学进步中发挥着重要的作用，鼓励研究者和教育者走出教室，到自然中去学习，提出了"向自然而不是书本学习"的理念。70年代初，他在马萨诸塞的帕尼基斯岛建了一所学校，为教师和学生提供实地学习自然的机会。他的这一理念影响了许多教育工作者，为自然研习运动的产生和发展奠定了基础。

1891年，伊利诺伊州教师威尔伯·杰克曼（Wilbur S. Jackman）出版了《普通学校的自然学习》一书，对如何利用每个月的自然现象来教授物理、化学、生物、地理等内容给出了详细的指导，鼓励学生走到自然中，通过第一手的观察和体验进行求知与探索，在自然中开展自然科学的学习。

在自然研习运动发展中扮演重要角色的另一位学者是康斯托克（Anna Botsford Comstock）。她是美国康奈尔大学自然研习项目的主要推动者之一，也是最早带领学生和其他教师到户外进行自然学习的人之一。她的著作《自然研习手册》自1911年出版以来，先后再版二十多次，目前还在被广泛使用，是自然研习的经典之作。1895年，康斯托克加入了纽约州的农业促进委员会，提倡通过自然学习提升青少年对农业的认知。同时，她也为纽约州公立学校设计了自然研习实验性课程，通过康纳尔大学的外展服务在全州推广、应用。

美国杰出科学促进会（AAAS）由一大批杰出的学术成员组成，在于学术促进和教授科学知识。1908年，经过近二十年的探索和积累，美国杰出科学促进会在芝加哥召开年会。在这次年会上，美国自然研习协会（American Nature Study Society）应运而生，致力于推动人们欣赏和理解自然世界。美国自然研习协会是美国最古老的环境组织，为推动和培育自然研习运动发挥了重要作用。它由著名的农业和农村教育家利伯蒂·海德·贝利（Liberty Hyde Bailey）担任首任主席。贝利曾与康斯托克一起，在康奈尔大学推动自然研习项目。与传统的科学教育相比，自然研习更强调向真实的、自然中的事物学习，把科学研究和学习带到户外。同时，在他的影响下，自然研习运动开始重视热爱自然、理解自然的情感培养。

历经百年，美国自然研习协会依旧活跃，并逐渐应时代变化而发展，与环境教育、保护教育、科学教育等领域的机构共同组织会议和工作坊。曾于1921—1922年期间担任美国自然研习协会主席的威廉·古尔德·维纳尔（William Gould Vinal），撰写过很多关于自然和户外教育的专著和论文，被称为"自然休憩之父"。

阿格西、康斯托克、贝利、杰克曼和维纳尔等进步主义教育家和博物学家是自然研习运动最主要的推动者。他们的童年时代大多在乡村、农场生活，与自然有着紧密的联结，成年后从事与科学教育、博物学等相关的工作。自然研习运动和科学教育、博物学也有着深厚的渊源。

## （二）户外教育（outdoor education）

户外教育在中国自然教育孕育期发挥了重要作用。《与孩子共享自然》的作者约瑟夫·克奈尔就是一位户外教育专家。他设计和整理的自然游戏，为环境教育工作者提供了通过有趣的户外游戏形式帮助儿童理解生态概念和环境问题的方法。这些自然游戏和他所创立的户外学习法——流水学习法，至今还在自然教育活动中被广泛应用和实践。

户外教育产生于19世纪末20世纪初，通过在户外自然环境中的活动，锻炼意志、强健体魄，促进儿童成长。早期的户外教育跟营地教育紧密相关。童军是比较早出现且影响力比较大的营地活动，现在依然活跃在世界各地。

美国博物学家、动物文学家欧尼斯特·西顿（Ernest Seton）是童军运动的先驱。他于1902年成立了基于野外生活的青少年发展计划——丛林印第安人联盟（League of Woodcraft Indians，后改名为美国丛林联盟）。为了推广这个计划，西顿写了一系列的故事，并于1906年以《丛林印地安人的白桦树皮卷》（《The Birch Bark Roll of the Woodcraft Indians》）为书名结集出版。西顿曾在1906年与英国陆军中将、世界童军运动创始人罗伯特·贝登堡（Robert Baden-Powell）会面。后者在发起童军运动时，也受到过西顿的影响。童军运动强调以实际的户外活动作为非正式的教育训练方式，内容包括野外徒步、露营、水上活动等，为现代户外教育奠定了基础（黄宇和陈泽，2018）。

20世纪中叶，美国从农业社会向机械化和城市生活转变，大部分年轻人失去了与土地紧密接触的机会，缺乏在真实环境中直接学习的机会。在这样的背景下，利用户外资源进行教育的理念日益得到重视，户外教育开始与学校课程结合。1953年，美国密歇根州立大学与美国健康、体育和娱乐协会（AAHPER）合作启动户外教育项目，彼时美国户外教育的主要倡导者、密歇根州立大学户外教育副教授朱利安·史密斯（Julian Smith）担任该项目主任。史密斯认为，户外教育是"在户外和为了户外的教育"，户外教育的内容主要包括在户外场景中教学效果更好的学习活动和有益健康的野外生活所需的技能（Smith，1960）。除了学习野外生活和户外休憩的技能外，学校也开始在户外自然环境中教授物理、生物、社会学等学科知识，通过在营地、森林、农场、公园等场域的实践体验来延伸和丰富学校课程。

随着户外教育的进一步发展，在其框架下开展的活动类型越来越丰富，户外教育的概念也变得越来越宽泛以涵盖和满足不同领域各种目标的户外体验活动。例如，普里斯特认为，"户外教育是一种主要通过到户外环境中，在做中学的经验学习过程"（Priest，1986）。哈默曼等甚至提出"户外教育是发生在户外的教育"（Hammerman等，2001）。户外教育发生的场景也不仅限于与自然相关的户外环境了，例如，到社区救火站学习也被认为是户外教育（Adkins和Simmons，2002）。

户外教育把教育的场域从学校延伸到校外真实的环境中，这和它丰富多彩的体验式的教学方法，都对自然教育产生了重要影响。但是与自然教育相比，早期的户外教育比较强调在荒野（wilderness）中的教育，而且教育内容比较侧重野外生活和休憩的技能以及自然知识的学习，后期户外教育的概念又过于宽泛，只强调把户外作为学习场景，不一定是在自然中。

### (三) 保护教育 (conservation education)

"保护教育帮助人们了解我们国家的自然资源，欣赏自然之美，并学习如何保护它们，让子孙后代能够继续拥有。"（美国农业部林务署）保护教育的基本思想是"尽力保护和留存因为人类活动的影响而逐渐丧失的大自然"，其起源与美国的自然保护历史密切相关（黄宇和陈泽，2018）。

20世纪30年代，北美爆发了一系列重大沙尘、干旱灾害事件，被称为"黑风暴"时期，导致西部土地大量表土流失，土壤失去生产力。风暴所经之处，天昏地暗，一片凄凉。"黑风暴"是天灾，更是人祸。第一次世界大战期间，国际市场对农产品的需求旺盛刺激了农业生产，美国中西部大草原被过度开发，原始植被遭到破坏。但是一战结束后，粮食需求量下降。再加上在农业开发的过程中，缺乏长期的土地养护计划，受经济危机影响，大量土地撂荒。当周期性的干旱发生时，土地缺乏植被覆盖，更加脆弱，导致了大灾害的发生（王石英等，2004）。

"黑风暴"给美国政府和民众敲响了环境保护的警钟，也催生了保护教育运动（Disinger和Monroe，1994；McCrea，2006）。美国相关政府部门开始将保护教育作为一项重要工作，帮助公众认识环境问题，提升公众保护自然资源的意识。1935年，美国全国教育协会（National Education Association）牵头在中小学推广保护教育。同一年，威斯康星州第一个立法，要求职前教师必须进行与自然资源保护相关的学习。1946年，威斯康星大学史蒂文分校开设保护教育学位课程（McCrea，2006）。这场保护教育运动被认为是美国现代环境教育的前身。目前，美国仍在广泛使用的环境教育项目——学习树项目（Project Learning Tree）和荒野项目（Project Wild）就集中体现了保护教育的思想（黄宇和陈泽，2018）。

20世纪70~80年代，世界自然基金会（WWF）和国际自然保护联盟（IUCN）等国际环境保护机构在国际上推广保护教育。1975年，WWF发起"1180"项目（Project 1180），在发展中国家推动保护教育。在此基础上，1984年，国际保护教育中心（ICCE）成立，进一步扩展和推动IUCN-WWF国际教育项目。

直到现在，"保护教育"还在动物园、水族馆等场域广泛应用。国际动物园教育者联合会（IZE）将"保护教育"定义为"影响人们关注野生动物和荒野的态度、情感、知识和行为的过程"。拥有240多个成员的美国动物园和水族馆协会（AZA）也将保护教育作为重要的工作内容，以期提升公众对野生动物及其栖息地的认知和保护。

保护教育强调对自然资源的认知和保护，对自然教育产生了一定的影响。很多环保机构也是从生态保护的角度来开展自然教育活动。但是，保护教育可能发生在户外自然环境中，也可能发生在室内或者虚拟的场景中，而自然教育则强调通过在自然中的体验和学习，建立人与自然的联结，从而培养自然的守护者。

### （四）体验教育（experiential education）

体验教育对自然教育的影响更多的是在教育方法的层面。自然教育强调人在自然中的直接体验，自然体验是实现自然教育目标的重要途径。

体验教育，或者说"做中学"，历史悠久。早期的户外教育者把体验学习作为在户外学习的方式，到20世纪70年代，体验教育开始被认可成为一个教育领域。1977年，国际体验式教育协会（AEE）成立。AEE认为，体验教育是一个"学习者通过直接经验建立知识、技巧及价值观的过程"。这个概念整合了建构主义学习理论以及传统的做中学的实践。福德（Ford, 1986）将体验教育定义为"做中学或者体验中学"，并提出，"户外教育可以被看成是体验式的，尤其当学习是通过体验进行的时候"。

环境教育也将体验作为重要的方法之一。例如，黄宇和谢燕妮（2017）认为，"自然体验是环境教育重要的思想基础，是环境教育重要的组成部分，是影响环境教育效果的重要因素，是环境教育重要的学习途径"。

整体来讲，体验教育是一种可以应用于教学的"过程"或者方法。这种教学方法可以在任何场合使用，不需要像户外教育和自然教育一样强调在户外自然环境中的体验。体验教育更强调的是方法，即做中学的方法或者过程。

### （五）环境教育（environmental education）

进入20世纪后，工业发展带来的环境问题愈演愈烈，生态系统受损、自然资源枯竭以及一次次环境公害事件不断为人们敲响环境保护的警钟，环境运动和环境保护主义随之兴起。作为现代环境保护运动的重要组成部分，环境教育的概念应运而生。环境教育，以"环境保护"为主题，旨在唤醒民众对环境问题的认识，了解保护环境的重要性。

相应地，在思想和文化层面上，早期梭罗的《瓦尔登湖》提倡在自然中感悟人生，让心灵回归自然；美国国家公园之父——约翰·缪尔提出，人类应该敬畏自然、保护自然，人类应该"成为"自然的一部分，而不是与自然界"分离"。再后来，奥尔多·利奥波德（Aldo Leopold）的《沙乡年鉴》直接提出土地伦理；蕾切尔·卡森（Rachel Carson）的《寂静的春天》拉开现代环境保护运动的序幕；阿恩·奈斯（Arne Naess）提出"深度生态学"……国际环境保护思潮的涌现和发展对环境保护运动和环境教育有着深刻的影响。

20世纪70年代,是世界环境保护运动与环境教育发展的重要时期。1972年6月,联合国于瑞典斯德哥尔摩举行"人类环境会议",发表了《联合国人类环境宣言》,开启了重建人类与自然关系的新纪元。接着,1975年10月,联合国在贝尔格莱德举行了有关环境教育的国际工作坊,并将此工作坊的成果汇编为《贝尔格莱德宪章》。

1977年10月,联合国教科文组织(UNECSO)和联合国环境署(UNEP)在第比利斯举行了首次政府间的环境教育大会,发布《第比利斯宣言》,完整论述了环境教育的角色、目标与特性,制定了全球环境教育发展的框架、原则和指引,确立了环境教育在保护和改善世界环境、改善世界各地区的良好和均衡发展方面的重要作用。

《第比利斯宣言》明确了环境教育的3个目标:① 增强人们对城市和乡村区域中的经济、社会、政治和生态的相互依赖性的认识。② 给予每个人保护和改善环境所需要的知识、价值观、态度、决心和技能。③ 在个人、团体和整个社会中创造出新的有利于环境的行为规范。

这三个目标又可以归纳到5个范畴:意识(awareness)、知识(knowledge)、态度(attitudes)、技能(skills)和参与(participation)。归根结底,知识的学习、意识和态度的培养、技能的获得以及参与解决环境问题的机会,都是为了保护和改善世界环境,为了人类社会的可持续发展。

此后,环境教育的发展开始趋向多元化,比如,可持续发展教育、公民科学教育、乡土教育、气候变化教育等。通过与不同领域的碰撞和交融,环境教育的内涵不断得以拓展,发展出越来越多的主题。但是,环境教育的终极目标始终是培养和促进环境行为和行动。

关于环境教育与自然教育的关系,康奈尔大学玛丽安·克拉斯尼(Marianne Krasny)教授在2019年第六届全国自然教育论坛的主旨报告《自然教育成效》中作了阐述。环境教育是指"有建构的学习活动,以促进环境行为"。自然教育是"联结人与自然的活动,以提升健康与福祉"。除了有利于身心健康、人格培养、学业发展等健康与福祉方面的成效,自然教育还可以提升环境素养,促进环境行为。

克拉斯尼教授分析了自然教育促进环境行为的"我们一起途径"和"幸福途径"。在自然中度过时光,建立与自然的联结,把自然作为自我认同的一部分,就会产生环境友好的行为。在自然中度过时光,产生幸福感,建立与自然的联结,也会有助于环境行为的养成(Nisbet和Zelenski,2011)。"如果人们感觉到与自然联结,就不会去伤害自然,因为伤害自然就如同伤害他们自己"(Mayer 和 Frantz,2004)。

"人与自然和谐共生、可持续发展"的自然教育目标,就是从环境教育中一脉相承下来的使命。

### 三、中国自然教育产生及发展主要动因

自然教育在中国得以产生并迅速发展,主要有以下几方面的原因。

#### (一)"自然缺失症"引发的社会关注与反思

2010年,《林间最后的小孩》在中国翻译出版,引起了国内社会对"自然缺失症"的关注与反思。2013年,上海绿洲发布的《城市中的孩子与自然亲密度调研报告》被多家媒体报道与转载,再次引起社会对"自然缺失症"的关注以及对重建人与自然联结的重要性的认同。不少自然教育从业者正是受此影响,投身于自然教育行业的。

#### (二)自然教育快速发展的社会基础

自然教育的快速发展,顺应了国家提出的"生态文明建设"的宏观国策,是顺势而为、应运而生。面对资源约束趋紧、环境污染严重、生态系统退化的严峻形势,我们必须树立尊重自然、顺应自然、保护自然的生态文明理念,走可持续发展道路。在对生态文明建设的描述中,明确提到了"人与自然的和谐共生",而这正是自然教育所倡导的目标之一。

从更广泛的社会背景来看,在2010年前后,70后、80后已为人父母,他们中大部分人的孩子已经接近学龄。这部分家长受教育程度和比例普遍较高,也更愿意结合自己的成长经历对孩子的成长和教育作更为开放的反思。他们认同自然教育的理念,愿意让自己和孩子成为自然教育的受众,有的家长甚至还因此转行成为自然教育工作者。这为自然教育的发展提供了广泛的受众基础。自然教育倡导人与自然和谐的理念,与中国崇尚"天人合一""天地者,万物之父母也"的传统文化思想相契合,是自然教育的文化根源、土壤基础,也是自然教育的实施能够很快被大部分公众认可和接受的原因。

#### (三)自然教育资金来源的多元化和机构"自我造血"的可能性

环境教育以环境保护、可持续发展为主题。而自然环境通常被认为是公共资源,与每个人都密切相关,又不与单独的个体产生从属关系。因此,环境

教育往往被认为是政府部门和环境保护机构的职责，普通个体只是作为参与者，甚至志愿者来参与。环境教育的经费通常来自政府拨款、基金会或者企业资助，而自然教育有利于个体的身心健康和发展，还能学习知识，得到服务，使得越来越多的家长愿意为自然教育"买单"。一些环境教育、保护教育机构看到了"自我造血"的可能性，开始向自然教育转型，为有一定经济能力的家庭提供有偿的自然教育服务。因此，种类越来越多的工商注册形式的自然教育机构发展起来。

**（四）自然教育跨领域融入的优势**

自然教育具有亲自然、重体验、助成长等特点，这使其更容易与其他已有的领域，例如，户外拓展、营地教育、农场教育、研学旅行、生态旅游、保护区发展，甚至艺术教育、儿童阅读等，进行协作和融合。与环境教育相比，自然教育具有更强的跨行业的接受度和结合度。很多其他领域都觉得，自然教育可以与自己原有的业务相结合，起到正向的推动作用。这些领域的从业者并不会觉得自然教育要关心的一定是宏大的环境保护的议题，而是把自然教育作为一个非常好的公众与自然联结的入口。由于自然教育本身的属性和特有的名称，它在跨领域融合方面具有更多的优势。

此外，微博、微信等社交媒体的普及在很大程度上也推动了自然教育的传播和推广。比如，许多家长在参加活动后，会将活动内容、感想等通过微信分享给其他人。于是，这些教育活动便在由个体连接而成的社交圈子中得到广泛的传播，进而迅速地建立起一定的受众市场。

当然，以上因素为自然教育的产生、发展提供了动因和基础，而自然教育行业的快速发展与专业规范化的进一步发展，需要政府、民间及每个人的不断探索与实践。

### 雪中猎渔

白尾海雕为大型猛禽,主要以鱼为食,常在水面低空飞行,抓到鱼后会飞到临近的树上或高地上食用,即便是大雪纷飞也丝毫不影响它捕食的兴致。

地点/吉林珲春　　摄影/陈建伟

# 白鲸

海冰初开,从空中俯视,竟然形成如此美妙的纹理。无人机回收之后,查看照片时才发现,竟然有8只白鲸在裂隙中的格子里透气,右下角还有另一只正在追逐伙伴。

地点/北极斯瓦尔巴群岛　　摄影/羽毛在自然圈

# 第二章

## 常见的自然教育实践
### Common Nature Education Practices

**赖芸（迁徙的鸟）**

厦门大学旅游管理专业

全国自然教育网络理事（第一任理事长），鸟兽虫木自然保育中心总干事

大学时代参与环境保护运动，毕业后在自然教育和环境保护领域工作二十年。多次荣获福特汽车环保奖年度先锋奖。

> 唯有透过自然教育，让公众认识我们的自然生态，感动于脚下的土地，才有机会让他们一起身体力行参与到生态保护中来！我们的未来才有希望！

第一节 自然保护地的自然教育

第二节 城市公园的自然教育

第三节 教育型农场的自然教育

第四节 自然学校的自然教育

第五节 城市社区绿地的自然教育

# 常见的自然教育实践
## Common Nature Education Practices

自然教育在中国的发展，是从实践开始的。虽然自然教育在中国的发展时间不长，但它与环境教育、营地教育、农场教育、户外拓展、儿童阅读、科学教育等领域有很多的深度结合。由于这些领域的从业人员本身具有丰富的经验，再加上他们在特定领域的专长，快速形成了一系列自然教育课程与活动。而因自然化程度、资源、位置、功能、特色等不同，自然教育实践也形成了不同的场域类型，各具特色。

根据自然教育活动发生场域的自然化程度，常见的场域类型的自然教育可以分为自然保护地的自然教育、城市郊野的自然教育、城市公园的自然教育、教育型农场的自然教育、自然学校的自然教育、城市社区的自然教育、校园的自然教育等。

本章梳理了当前国内常见活动场域的自然教育实践，选取了自然保护地、城市公园、教育型农场、自然学校、城市社区绿地等为代表的自然教育场域实践，从场域概述、活动特色、活动设计等几个方面进行阐述，帮助读者更好地理解自然教育实践的开展模式。

# Chapter 2

飞啦飞啦,我要飞啦

第二章 常见的自然教育实践

# 第一节 自然保护地的自然教育

云南普达措国家公园

## 一、什么是自然保护地

自然保护地是划定用于保护生物多样性、典型自然生态系统、自然遗迹和自然景观的陆域或海域。世界自然保护联盟（IUCN）将自然保护地定义为：一个明确界定的地理空间，通过法律及其他有效方法获得承认、得到承诺和进行管理，以实现对自然及其所拥有的生态系统服务和文化价值长期保护的陆域或海域。

经过60余年的发展，中国自然保护地逐步形成了以自然保护区为主体，包括风景名胜区、森林公园、地质公园和湿地公园等多种自然保护地形式的体系（图2-1）。目前，国内各类自然保护地已超过12000个，覆盖了约18%的陆域面积。

图2-1 自然保护地分类

2017年，中国政府提出了要建设以国家公园为主体的自然保护地体系，把自然保护地作为生态建设的核心载体，使其在维护国家生态安全中居于首要地位。按生态价值和保护强度的高低，自然保护地可分为三类：国家公园、自然保护区和自然公园。国家公园处于"金字塔"的顶端，其次是自然保护区，再次就是各类自然公园。它们共同构成了有机联系的自然保护地体系。

因为自然保护地的主要职能是生态保护，所以通常只有部分区域允许开展自然教育活动。根据2019年中国林学会、北京大学和全国自然教育网络联合发布的《中国自然教育发展报告》，约43%的自然保护地开放程度在10%以下，28%的自然保护地开放比例为10%~30%，8%的自然保护地开放了一半以上的区域开展自然教育活动。从自然保护地类型来看，自然保护区开放程度最低，74%的自然保护区允许开展自然教育活动的面积占比小于1/3，但也有4%的自然保护区开放了一半以上的面积。自然公园是以生态保育为主要目的，兼顾科研、科普教育和休闲游憩等功能而设立的自然保护地，在我国自然保护地体系中其开放程度最高，有16%的自然公园开放了一半以上的面积。

**（一）国家公园**

国家公园是指以保护具有国家代表性的自然生态系统为主要目的，实现自然资源科学保护和合理利用的特定陆域或海域。建立国家公园是为了实现自然生态系统的完整性和原真性保护，在保护生态的同时，推动自然教育

以保护森林资源为主的福建天宝岩国家级自然保护区

和生态体验等公共服务的发展。国家公园是中国自然生态系统中最重要、自然景观最独特、自然遗产最精华、生物多样性最富集的部分,也是自然保护地最重要的类型。

目前,全国有10处国家公园体制试点,分别是三江源国家公园、东北虎豹国家公园、大熊猫国家公园、祁连山国家公园、海南热带雨林国家公园、神农架国家公园、武夷山国家公园、钱江源国家公园、南山国家公园和普达措国家公园。

### (二)自然保护区

自然保护区是指保护典型的自然生态系统、珍稀濒危野生动植物种的天然集中分布区及有特殊意义的自然遗迹的区域。根据保护对象不同,自然保护区可分为自然生态系统、野生生物、自然遗迹三大类,以及森林、草原、荒漠、海洋等9个类别。

### (三)自然公园

自然公园主要保护未纳入国家公园和自然保护区,但具有重要生态价值的森林、海洋、水域、冰川等珍贵自然资源,及其所承载的景观多样性、地质地貌多样性和文化价值,是自然与人文融合、保护和利用结合、人地关系协调的自然保护地类型,包括风景名胜区、森林公园、湿地公园、海洋公园、地

在深圳湾自然公园越冬的候鸟——鹬鸭类

质公园等。其中,因分类标准不同,概念界定也相互交叉,本书把在城市中的自然化程度较低的森林公园、湿地公园等归类为城市公园,将在第二节中详细介绍。

## 二、自然保护地的自然教育有什么特点

自然保护地是开展自然教育活动的一个重要场所,也是实现自然教育目标最重要的自然教育活动场域。不仅能让参与者在这里学习到丰富的自然科学、人文地理等知识,还可以通过自然教育促进当地的生态保护工作。在自然保护地开展的自然教育有以下几个特点。

### 1. 视觉资源独特

随着中国自然保护地的建设和发展,中国的名川大河、锦绣河山等最壮丽的自然风光,几乎都纳入了自然保护地的范围,在自然保护地开展自然教育,可以设计不同于其他场域视觉内容的自然教育课程,让参与者切身体验到日常生活中难以触及的自然美景,发现大自然最丰富、最神奇的自然智慧,在人与自然的互动中,获得最难忘的体验和感动。

### 2. 生物多样性资源丰富

中国是世界上物种多样性最丰富的12个国家之一,中国丰富的生物多样性通过自然保护地的形式得以保护下来。中国保护地总面积占国土陆域面积的18%,管辖海域面积的4.1%,有效保护了我国90%的陆地生态系统类型、

深入自然保护区的自然观察活动

85%的野生动物种群、65%的高等植物群落和近30%的重要地质遗迹，涵盖了25%的原始天然林、50.3%的自然湿地和30%的典型荒漠地区。在保护地开展自然教育活动的，可以依托保护地的生物多样性设计丰富的活动内容，让参与者和本地社区居民获得对本土生态环境的重要性和生物多样性的认识，自然保护地拥有最丰富的生物多样性，是保护教育最好的示范场所。

### 3. 生活体验特殊

自然保护地往往地理位置偏远，远离城市，交通、住宿相比城市更加不便；经济发展不足，当地居民和保护区的生活条件都比较艰苦；环境原始，拥有广阔的、未经加工的原始自然环境。这些都与参与者日常的生活环境、生活习惯形成巨大的反差。这种反差不仅能让参与者获得如克服高原反应、高强度紫外线等特殊自然挑战的体验，也能够对参与者产生思想和精神层面的影响。

### 4. 与当地社区的互动良好

在保护地开展的自然教育活动，通常时间周期更长、活动范围更广，可以带动当地村镇、自然保护地在交通、食宿、农产品销售等方面的经济发展，与当地社区居民有更多机会的联结，甚至可以邀请当地的村民担任向导，并支付他们一定的劳动报酬，以此来帮助村民提高收入，从而让参与者除了从自然环境中获得教育，也可以在与当地社区互动的过程中体验当地的风俗民情。

### 三、如何设计自然保护地的自然教育

在自然保护地开展自然教育,通常以自然保护地内的自然资源为依托,盘点并发掘本地的生物多样性特色、传统文化特色,以设计不同的活动主题和活动形式等,比如,参观游览、自然体验、科普讲解、科学考察、公民科学活动、社区探访等。自然保护地的自然教育,一方面可以吸引周边社区居民的参与,更重要的是还可以通过研学旅行和生态旅行的形式,吸引全国各地乃至世界各地的访客。

设计在自然保护地开展的自然教育活动,可以从以下几个方面入手。

**1. 活动主题**

活动主题要鲜明、具有吸引力。每个自然保护地都有自己的特点。在设计自然教育活动时,我们要充分考虑该自然保护地的特点,选取明确的、契合自然保护地特点的活动主题。比如,以自然保护地的特色物种或旗舰物种为亮点的保护主题的活动:《保护高黎贡白眉长臂猿——在高黎贡遇见你的"猿"份》《香格里拉滇金丝猴——雪山精灵的探秘之旅》。好的活动主题,容易激发参与者的兴趣,并促使他们积极、主动地去了解活动想要传递的信息。

**2. 活动地点和路线**

在自然保护地中开展自然教育活动,可以将主要目的地周边的几个地点串联起来,形成一条活动线路;也可以固定在一个地方,在不同的时间开展不同主题的活动。因此,在设计此类自然教育活动时,活动的地点和线路就显得十分重要。如果是多个活动地点,那么它们两两之间的距离不应太长;如果是长线的生态旅行,车程不应超过半天;如果是短线的生态旅行,车程则在半个小时至1个小时为宜。因此,在设计活动时,要根据活动地点和路线提前考虑是否需要统一安排交通工具。如果是驻扎在一个地方,还需要考虑以基地为中心辐射到周边不同特色的步道或不同主题的内容。

**3. 活动内容**

在自然保护地开展自然教育活动,通常以了解本地的自然生态特色、传递保育理念为最核心的活动内容。虽然活动形式可以多种多样,但应尽可能地围绕保护主题来开展。因此,在设计活动时,需要把活动主题和特色内容紧密结合起来,让参与者不仅可以学习到知识,还可以更深刻地体验和理解活动的核心意义。比如,自然保护地通常拥有壮美的风景、特殊的物种,因此,可以设计生态摄影类活动,以帮助参与者更好地进行自然观察和记录,提升参与者对大自然的兴趣。

**4. 活动时间**

通常来说，自然保护地都距离城市较远。考虑到往返路程、受众需求、自然保护地的自然资源特点等因素，5~10天的活动内容是比较合适的。这样既有时间进行深度的体验，又不至于因时间太长而造成假期不够、疲倦等出行障碍。适当的活动时间，可以让体验达到最佳效果。在选取活动日期和时间时，需要考虑自然规律。比如，观鸟活动需要早起，夜观则需要晚上出行。在热带地区开展活动，因中午天气炎热，动物也不活跃，可以在中午多安排一些时间休息。一天的活动也不应排得太满。如果太过辛苦，会降低参与者的体验感。因此活动期间，需要充分保证休息时间，劳逸结合。然而，对于儿童来说，他们总是拥有无穷的精力，常常也不愿意午睡，喜欢继续在外面玩耍，这种情况下就要灵活处理活动安排。

**5. 活动形式**

生态旅行是自然保护地最常见的活动形式之一。与在城市中开展自然教育活动不同的是，在自然保护地开展活动时要充分考虑交通、食宿等后勤服务，因为它们也会影响受众的体验感。优质、细致的服务，能给受众带来更加美好的体验。一般来说，自然保护地的交通、食宿、医疗、物资等条件不如城市便捷、舒适。因此，在筹备活动的过程中，要充分了解相应的情况，做好应急准备，并在活动说明中如实告知受众。在设计活动时，可以结合实际的情况，安排一些不同的体验形式，比如，森林徒步、自然步道观察、溪流溯溪、乘船沿河探索、乘坐吉普车探索（safari）等。

在自然教育的体验中，需要由浅入深。活动开始的时候，最好把一些有趣的、简单易行的内容安排在前面，让参与者先有一个不一样的体验，以唤起或激发他们的热情。在每天的主题内容中，设计一些高光的体验时刻，强化参与者对活动的理解和投入。在课程快结束的时候，设计和安排一些分享环节，或者通过总结来回顾活动，升华课程的意义和价值。分享环节非常重要，通过参与者的分享，可以让大家从不同的视角看到此次活动的意义和价值，促使他们愿意在活动结束后继续为自然保护尽一份力。

在活动最后的总结分享上，自然教育导师可以把本次活动所拍摄的照片进行简单的整理，并和大家分享；总结生态旅行过程发现的自然保育现状、困难和挑战等方面的问题，和大家一起讨论。总结分享会的最后环节，可以颁发活动证书或让孩子们评选一些有趣的角色，比如"最乐于助人的小队员""最有发现的小队员"，如果是观鸟活动，可以最后评选"最佳神眼奖""最佳生态摄影作品奖"等。最后的仪式感也很重要，让所有参加者能认真对待并重视这样的分享会，最终给他们留下更深刻的印象。

# 第二节 城市公园的自然教育

围坐在公园，共学自然教育

## 一、什么是城市公园

城市公园是城市公共绿地的一种类型，面向公众开放，以游憩为主，有一定的游憩设施和服务设施，同时兼有保护生态、美化景观、科普教育、应急避险等综合作用，包括综合公园、专类公园，如植物园、动物园等。

### （一）综合公园

综合公园是指除了以提供专业性的自然生态知识、自然生态科普研究为侧重的城市专类公园外的以休闲、展示、教育等综合性功能为主的城市公园。

随着城市化建设的快速发展，综合公园的建设也得到了大力发展。一些综合城市公园的建设把公园自然景观与城市公共空间融为一体，拉近了市民与自然之间的距离，从"城市里的公园"转变为"公园里的城市"。目前，许多综合公园的自然教育功能并未得到相应的发展（闫淑君和曹辉，2018）。但是，一些位于一线城市的综合类公园，比如，深圳的综合公园，已经开始重视发展自然教育。

深圳的许多综合公园专门建立了自然教育中心，比如，洪湖公园、儿童公园、笔架山公园等。它们定期组织各种具有公园特色的自然教育活动，并免费向公众开放。综合公园开始成为市民参加自然教育活动的重要场所，是他们认识自然和学习自然知识的大教室、了解自然的重要窗口。综合公园的建设与发展，不仅能影响一座城，也能改变一城人。因此，综合公园被赋予了举足轻重的意义，逐渐成为开展自然教育的重要阵地。

**（二）专类公园**

专类公园是城市公园绿地细分的一种类别。根据《城市绿地分类标准（CJJ/T 85—2017）》的规定，以自然生态作为特定内容的专类公园（G13）指的是，具有特定内容或形式以及相应的游憩和服务设施的绿地，包括植物园、动物园、湿地公园、森林公园等（住房和城乡建设部，2017）。这些专类公园是城市公园绿地体系的重要组成部分，其首要定位是服务于本地居民，主要承担休闲游憩，兼顾生态、科普、文化等功能。

在自然教育实践中，专类公园的自然资源会比综合公园条件更加优越，也更适合开展自然教育活动。同时，这类公园也有较为便利的交通可达性，有的在市区里，有的在城市边缘。比如，植物园，是以植物为特色的自然教育场域；森林公园，是以森林生态系统为特色的自然教育场域；红树林湿地公园，是以红树林生态系统为特色的自然教育场域。这些专类公园的自然环境常常拥有综合公园里所没有的特殊生态系统，在学习自然知识上显得更为重要，也是自然教育活动中一个比较常见的活动场域。由于在专类公园的自然教育活动更具有专业性，因此来这里开展自然教育活动的机构更多的是偏重自然生态知识且具有一定科普解说能力的自然教育机构。

这些以自然为特定内容的专类公园拥有较强的专业背景和科学研究能力，近几年开始大力发展适合专类公园里的自然教育活动和课程。其中，植物园、动物园是大部分儿童最喜欢，也是他们最熟悉的场所。专类公园有更为独特和丰富的自然资源，可以让大家近距离观赏到一些与众不同的自然物种和自然景观。

**1. 植物园**

植物园（G132）是进行植物收集、繁殖、科学研究、物种保护的绿地，具有良好的设施和解说标识系统，可供访客观赏、游憩及参与科普活动等。植物园也是城市里最重要的、最好的自然教育活动场所之一。

根据中国植物园联盟2020年的调查统计，我国总共有162个植物园。这些植物园覆盖了我国主要的气候区，其中有32个植物园分布于边缘热带地区、68个植物园位于亚热带地区，其余62个植物园分布于温带地区。位于不同气候区的植物园具有种类各异的植物、动物；同一气候区的植物园也有自己独特的自然资源;而即使同一个植物园,在不同的生态类型下、不同季节时也会有不同的景观。如此一来,便可根据需要和自然资源情况来设计不同主题和类型的自然教育活动。

**2. 动物园**

动物园(G131)是在人工饲养条件下,迁地保护野生动物,进行动物饲养、繁殖等科学研究的绿地,具有良好的设施和解说标识系统,可供访客观赏、游憩及参与科普活动等。其基本功能是对野生动物进行综合保护和面向公众开展保护教育。动物园也是大多数生活在城市中的儿童认识和了解动物、接触自然环境的一个重要场所。

在科普作家、深度动物园爱好者花蚀看来,现代动物园的三大目标是:① 保护珍稀野生动物,留下它们的血脉,通过人工繁衍增加它们的数量,以期延续物种基因;② 增进我们对动物的认识,尤其是动物形态学和行为学上的认识,以更好地对野生的种群采取保护措施;③ 为公众提供自然教育,提高公众的保护意识。

能在动物园中开展的自然教育活动种类繁多。比如,可以开展自然观察活动、招募义工来帮助动物笼舍丰容等,以帮助参与者认识动物与环境、动物与人之间的关系,学习野生动物保育知识。

**3. 湿地公园和森林公园**

湿地公园、森林公园,顾名思义,是以湿地生态系统、森林生态系统为主体的专类公园,也是城市里具有生态特色的自然教育场所。在这类专类公园中开展自然教育,可以设计专题性的活动。

众所周知,湿地有强大的净化作用,有"地球之肾"的美誉,很多珍稀水禽的繁殖和迁徙离不开湿地,因此又被称为"鸟类的乐园"。湿地拥有众多野生动植物资源,是重要的生态系统,湿地公园也是自然教育重要的活动场所之一。在湿地生态系统中,有许多特殊的自然生态,比如,红树林生态系统,它能在海洋、淡水交汇的咸淡水的环境生存,有许多其特殊的自然智慧可以学习。在红树林生态系统中,还会有弹涂鱼、招潮蟹等非常常见又很特别的物种,每年候鸟迁徙的季节,在湿地公园,还会有机会看到成千上万的迁徙候鸟,观鸟活动也是自然教育中常见的活动之一。

城市里的森林公园会比国家公园或自然保护区的森林可达性更强,不仅交通更便利,而且公园里的各项设施也更完善,大部分森林公园都会建设自然步道,供市民游览、休憩。在森林公园的自然教育活动,常常以自然观察、自然体验为主。在夏季的时候,夜观是森林公园里最受欢迎的活动。

公园里的自然教育——2020年武汉中小学生湿地研学教育活动

## 二、城市公园的自然教育有什么特点

城市公园拥有城市绿地系统中最大的绿色生态板块，它们不仅是城市生态系统、城市景观的重要组成部分，也是城市里动植物资源最为丰富之所在。从自然环境、交通便利、出行距离和活动安全等因素考虑，城市公园是城市里最好的自然教育活动场所，也是位于城市中的自然教育机构经常开展活动的重要场所。

### （一）综合公园的自然教育的特点

在综合公园开展自然教育活动成为许多自然教育机构的主要选择，有如下主要特点。

#### 1. 交通便利

综合公园离我们居住、学习、工作的场所较近，容易到达。在开展活动时，通常不需要统一安排交通，参与者可以自行前往活动地点集合。因此，可以在这里开展定期的自然教育活动。

#### 2. 自然教育内容丰富

不同的综合公园往往具有不同的特点和不同的生境，比如，草坪、树林、荒野等。在这些生境中，有许多野生动植物，比如，树、花、昆虫、鸟类。这些动植物常常也是自然教育活动重要的内容来源。同时，由于公园的场域类型中，距离也不远，可借助不同的生境类型设计不同的教育内容，比如，在草坪做自然体验的游戏，在溪流做自然观察等。

### 3. 安全性高

综合公园通常由公园管理中心进行管理，在安全方面比较有保障。有的综合公园还考虑到了特殊人群的需求，建设有特殊设施以方便访客活动，比如，为肢体残障人士提供的无障碍通道、为视觉障碍人士提供的引导和解说设施，以及母婴室、儿童友好区域等。

### 4. 人群覆盖面广

由于具有便于到达、安全性较高、生境多样等特点，在综合公园开展的自然教育活动适合所有年龄段的人群参加，特别是低龄儿童。再加上，在这里开展的活动通常频率很高，累计参与人数也相应会很多，因而影响的人群既多又广泛。

## （二）专类公园的自然教育的特点

在专类公园中开展自然教育活动和在综合公园中开展自然教育活动有许多相似之处，比如，容易到达、安全性较高、人群覆盖面广等。除此之外，在专类公园中开展自然教育还有一些其他的特点。

### 1. 自然环境原生性更高

相比综合公园，湿地公园和森林公园等专类城市公园通常拥有更加原生的自然环境，比如，湿地公园中的池塘、溪流等，能够更加真实地呈现自然界里的关系图谱。

### 2. 主题专业性更强

有的植物园、动物园、湿地公园等专类公园具有独特的物种或生态现象。在这些专类城市公园中，通常能够开展主题更为专业、特色鲜明的自然教育活动，比如，以红树林生长习性为主题的自然观察活动、以某灵长类动物保育为主题的自然体验活动等。

## 三、如何设计城市公园的自然教育

### （一）综合公园自然教育的设计

在综合公园开展活动，通常可以从人数、时间、形式、内容等方面进行考虑和设计。

**1. 活动人数**

不同人数需求的活动均适合开展，可以是5~10人的体验课程，也可以是20~30人的团体活动，还可以是诸如自然嘉年华这类的具有上百人、上万人参与的大型公众活动。

**2. 活动时间**

在综合公园中开展的自然教育活动通常为半天或者一天的活动，也有定期开展的不同主题和内容的自然教育活动。需要注意的是，在节假日期间，综合公园通常人流量较大，在开展自然教育活动时，需要考虑到人流对活动效果、场地、安全等的影响，并提前做好应急准备。

**3. 活动形式**

由于场地的多样性，在综合公园开展自然教育活动的形式会比较多样，不仅可以在草坪上进行自然游戏，在步道上开展自然导赏和讲解，还可以在其原生环境中开展自然观察活动。因此，自然观察、自然体验、自然导赏、自然游戏、自然记录、自然创作、自然嘉年华、公园文化节等都是综合类公园常见的活动形式。

**4. 活动内容**

在综合公园可以开展的自然教育活动很多，更偏重在自然教育的基础课程内容，在综合公园开展自然教育活动也成为自然教育的日常。因此，自然教育从业者需要在活动内容和活动形式上不断创新，常见的活动内容有：夜观探索、自然笔记大赛、湿地自然观察、红树林自然导赏、蝶影追踪、观鸟活动、自然寻宝等围绕公园自身的生物多样性特点进行设计的自然教育活动。

### （二）专类公园自然教育的设计

设计和策划在专类公园中开展的自然教育活动，其步骤可以参照综合公园自然教育活动的设计流程，从活动人数、活动时间、活动形式、活动内容等方面进行考虑。而有些专类公园，基于其自然资源的独特性，可以设计出更加有深度的、专业性更强的自然教育课程。比如，在湿地公园，可以围绕湿地，设计出"湿地的生物多样性""湿地与食物""湿地与鸟类""湿地丧失与保护""气候变化与湿地"等主题的活动，将不同课程模块按照主题重新组合成新的活动内容（图2-2和图2-3）。

| 次主题 | 模块名称 | 适宜季节 | 活动时长(分钟) | 主要目标人群 | 拓展目标人群 1 | 2 | 3 | 4 | 5 | 6 |
|---|---|---|---|---|---|---|---|---|---|---|
| 奇妙水世界 | 奇妙的水 | 春、夏、秋、冬 | 45~90 | 小学生 | ● | ● |  |  |  | ● |
|  | 神奇的湿地 | 春、夏、秋、冬 | 45~120 | 初中生 | ● | ● | ● | ● | ● | ● |
| 湿地放大镜 | 自然竞技场 | 春、夏、秋 | 50~150 | 小学生 | ● | ● |  |  |  | ● |
|  | 餐桌上的湿地植物 | 春、夏、秋 | 50~90 | 小学生 | ● | ● |  |  |  | ● |
|  | 飞羽寻踪 | 春、秋、冬 | 45~90 | 小学生 | ● | ● | ● | ● | ● | ● |
|  | 中华鲟洄游之路 | 春、夏、秋、冬 | 45~90 | 初中生 | ● | ● |  |  |  |  |
| 湿地与我们 | 稻乡 | 春、夏、秋、冬 | 50~90 | 小学生 | ● | ● |  |  |  | ● |
|  | 四季渔场 | 春、夏、秋、冬 | 45~80 | 高中生 | ● | ● | ● | ● | ● |  |
|  | 湿地探索家 | 春、夏、秋 | 60~120 | 初中生 | ● | ● | ● | ● | ● | ● |
| 湿地守护者 | 湿地规划师 | 春、夏、秋、冬 | 50~90 | 高中生 | ● | ● | ● | ● | ● | ● |
|  | 不速之客 | 春、夏、秋、冬 | 45~90 | 高中生 | ● | ● | ● | ● | ● | ● |
|  | 我的水足迹 | 春、夏、秋、冬 | 45~80 | 高中生 | ● | ● | ● | ● | ● | ● |

*人群划分：1.小学生 2.初中生 3.高中生 4.大学生 5.成人 6.亲子家庭

图2-2 WWF 湿地课程模块表

| 序号 | 主题 | 模块组合 | | | 课程时间 | 拓展目标人群 1 | 2 | 3 | 4 | 5 | 6 |
|---|---|---|---|---|---|---|---|---|---|---|---|
| 1 | 探索生物多样性 | 自然竞技场 | 湿地探索家 | 不速之客 | 一天 | ● | ● | ● | ● | ● | ● |
| 2 | 湿地与食物 | 餐桌上的湿地植物 | 稻乡 |  | 半天 | ● | ● |  |  |  | ● |
| 3 | 湿地与鸟类 | 飞羽寻踪 | 湿地探索家 |  | 半天 | ● | ● | ● | ● | ● | ● |
| 4 | 湿地与鱼类 | 湿地探索家 | 中华鲟洄游之路 |  | 半天 | ● | ● |  |  |  |  |
| 5 | 湿地丧失与保护 | 神奇的湿地 | 不速之客 | 湿地规划师 | 半天 |  |  | ● | ● | ● |  |
| 6 | 气候变化与湿地 | 奇妙的水 | 神奇的湿地 | 稻乡 | 半天 | ● | ● |  |  |  | ● |
| 7 | 可持续生活方式（低幼版） | 自然竞技场 | 奇妙的水 | 我的水足迹 | 一天 | ● | ● |  |  |  | ● |
| 8 | 可持续生活方式（普适版） | 自然竞技场 | 四季渔场 | 我的水足迹 | 一天 |  |  | ● | ● | ● |  |

*人群划分：1.小学生 2.初中生 3.高中生 4.大学生 5.成人 6.亲子家庭

图2-3 WWF 湿地课程模块组合建议

# 第三节 教育型农场的自然教育

## 一、什么是教育型农场

教育型农场是以开展自然教育活动为主要目的,同时兼顾农业生产功能与农业生产实践条件的教育性场所。在自然教育的实践过程中,有一些自然教育从业者在看到生活在现代城市的儿童因远离泥土而不知道食物从哪里来的现象后,萌生出了发展教育型农场的想法。于是,他们在农村地区寻找适合进行农业生产的地方建设教育型农场。随着自然教育的快速发展,许多以生态种植、有机农业为主要业务的农场,也开始尝试面向公众开展食农教育、农耕体验、自然教育等方面的活动,从而衍生出一种新型的农业发展模式。

教育型农场通常设立在乡村地区。在教育型农场中开展自然教育活动,最重要的是让儿童在体验生活的过程中感受自然,在接触自然的过程中回归生活。此外,除了能为公众提供自然教育服务外,教育型农场还能为所在地区的乡村建设注入新的活力,比如,发展生态农业、休闲农业等,为乡村振兴助力。

近年来,由于配套设施相对完善、自然资源丰富、距离适中等,位于城市近郊的一些生态农场逐渐成为开展自然教育的"热土"和重要场域。

## 二、教育型农场的自然教育有什么特点

教育型农场的兴起,让参与者能够有机会再次回归土地、回归生活,与自然、与土地进行深层次的对话。在教育型农场中开展自然教育,可以将环境保护理念很好地传递给参与者,让他们真正理解什么是低碳生活、为什么要低碳生活,养成一种更加健康的生活方式。

在教育型农场中开展自然教育,具有以下几个特点。

### 1. 以人与土地为特色

强调人与土地的关系,是教育型农场永恒的主题。城市儿童可以在这里脚踩大地,体验种植食物,观察作物生长,体会农业生产的艰辛,建立与土地的联结。通过农业生产、农事体验、农业科普等活动,参与者还可以反思自己的生活方式,养成良好的行为习惯。

自然教育是香港嘉道理农场的主要特色

亲子家庭一起劳作,感受土地与耕作与食物的联结

**2. 全面覆盖自然教育的活动受众**

在教育型农场开展活动，可以覆盖所有类型的自然教育受众。低龄儿童可以参与一些农作物采摘、喂养小家禽的活动。年龄大一些的儿童可以参加农事活动，比如，水稻的插秧、种植、收割，在水稻田里抓鱼等，学习我国传统的农业文化。花卉种植、烧窑烤面包、做竹筒饭、磨豆腐等传统食品的制作活动等也是比较受欢迎的。

**3. 体验时间灵活**

在教育型农场中开展活动，时间安排上也很灵活，这一点和自然学校相似。半天、1~2天甚至更长时间的活动，都可以在教育型农场中开展。特别是在农忙时节，这类活动会更加丰富。

### 三、如何设计教育型农场的自然教育

经营理念和价值观是影响一个教育型农场能否可持续发展的关键所在。一个健康发展的教育型农场，应该具有正确的生态保育观念，并通过教育活动影响更多的人关注和关心地球以及我们人类自身的健康。

因此，在设计此类自然教育活动时，应融入生态农业的理念、方法和技术等，在活动设施、场地的建设和运营上，始终贯彻生态优先的原则。

教育型农场通常拥有多个可以开展不同类型活动的场地。比如，菜地上可以开展大型自然教育菜市场，认识我们日常的食物是如何种植出来的；在水稻田可以开展儿童生态稻作活动，让孩子们亲身参与种植水稻；在农场的水源地，也可以进行溪流的探索和玩耍；在农场的室内场地，则可以进行食品的制作、手工创作等活动。如若遇到访客人数过多甚至超过单个场地单次活动的容纳量时，可将访客分组到不同的场地中同时开展活动，然后交换活动及活动场地。这样既可以充分利用时间，也能避免访客因长时间等待活动机会而产生不好的体验感。

在教育型农场中开展的自然教育，可以传递的自然教育理念和内容非常丰富，从人与自然的关系到人与土地的关系；从农业生产到感恩土地，珍惜食物；从一年四季、不同节气到不同的蔬菜瓜果的种植等。比如，农耕体验可以让参与者，尤其是儿童了解食物的来源，体验食物从田野到餐桌的全过程，理解农业与环境的关系，从而从关心食品安全与自我健康，进一步到关心生态环境的健康，培养可持续的生活方式，并积极为环境保护付出行动。

设计在教育型农场中开展的自然教育活动，可以从以下几个方面入手。

### 1. 活动主题

教育型农场的活动主题比较偏重在农业生态方面，主要有自然采摘、农事体验、农业科普、休闲养生等四大类型。除此之外，还可以结合活动的特点来制定活动主题，如儿童稻作、儿童插秧体验等主题。

### 2. 活动地点和路线

在教育型农场中开展活动，活动的场域还是要以农场特色为主，可以有水稻田、菜园、家禽养殖场、生态池塘等。如果农场的场地足够大，可以进一步丰富活动地点、活动内容，并对场域进行划分。比如，有一块活动区域适合开展观光、采摘体验等活动；有一块区域用来进行农事体验；有一块区域用来开展农业科普。此外，还可以设计一些诸如湿地污水处理系统、生态农园等专题性的活动地点。如果农场附近的自然环境足够好，比如，有溪流、森林，也可以像自然学校一样，根据周围的自然环境来设计不同主题的活动地点和路线，最大化地挖掘在地的生态资源，以丰富这个场地的自然教育活动和体验。

### 3. 活动内容

在自然教育型农场中，活动内容还是以农业为主，但可以从不同角度来设计活动，比如，针对不同年龄、不同社会身份的人群来选择不同主题的活动。

### 4. 活动形式

在教育型农场开展的活动，有一些是休闲体验活动，适合低龄儿童，不会太辛苦，但又会有趣。比如，喂养小家禽，可以让儿童观察它们如何进食、如何行走等。根据农事时令来开展的体验活动，是目前农场最普遍采用的自然教育活动类型，主要是根据季节、农业生产时节，让参与者体验一些轻松、简单、有趣的农事劳作活动，例如，插秧收割、挖红薯、收萝卜、浇水除草等。这些活动的体验性很强，对于城市儿童与家庭来说，十分具有吸引力。农场会根据农作物的生长情况来适时开展不同类型的农事体验活动。

农业科普以农业知识、农具、土壤、食育等内容为主，通过自然解说、自然观察等形式向参与者传递农业知识、生态理念和当地的民俗知识，使参与者了解各种作物的生长规律、劳作工具及其使用方法、健康食品的重要性以及人与土地的关系。

# 第四节 自然学校的自然教育

## 一、什么是自然学校

国内的自然学校理念源自日本,并伴随自然教育行业的发展而产生,在我国起步较晚。日本的自然学校经过了30多年的发展,已经形成一个相当成熟的产业。在日本环境教育学会编写的《环境教育辞典》中,自然学校指"开展自然观察、自然体验等以自然为舞台的环境教育、理科教育、户外活动的学校"。其实,自然学校的定义并没有一个严格的说法。广义来说,开展自然体验活动的主体,例如,机构或设施,都被称为自然学校。而自然体验活动,除了荒野的体验活动外,还包括农业体验、渔业体验以及诸如乡村生活这样的生活体验。

中国自然学校的分布和界定也非常广泛,有在城市里的自然学校,也有在郊外乡村的自然学校,还有在自然保护区里的自然学校。而自然学校的功能和设施也不尽相同。有的自然学校面积比较大,拥有自己的户外教育设施,可以提供参观、展示和学习服务;有的自然学校面积比较小一些,甚至由郊野的一栋民宅改建而来但能提供食宿服务,再依托学校周边的自然环境来开展活动。但通常来说,自然学校需要有固定的活动基地。对自然学校来说,最重要的运营理念是"扎根本土、回归生活"。

来自台湾师范大学环境教育研究所的周儒教授曾提出,一个自然中心/自然学校必须具备4个最基本的要素:活动方案(program)、设施(facility)、人(people)和营运管理(operation)(周儒,2000)。这4个要素彼此间互相依存和影响,其中又以活动方案为核心,逐步影响到设施、人、营运管理(图2-4)。

自然学校的建设是一个循序渐进的过程,可以一边不断提高和完善硬件建设,一边开发和调整特色课程。

## 二、自然学校的自然教育有什么特点

自然学校逐渐成为当前中国常规学校教育的有力补充,是自然教育活动开展的重要场域,也是儿童学习自然知识和获得独立成长经验的重要阵地,深受家长和儿童的喜欢。自然学校也有其独特的场域优势,在课程的深度和广度方面可以有很好地发展和延伸,也可以让参与者有时间和机会系统、深入地进行自然学习。在自然学校中开展自然教育有以下几个特点。

**1. 场域在地化**

扎根本土,回归生活,是自然学校的一大特色。自然学校通常设立在自然环境相对较好的农村地区,也有的设立在自然保护区,有自己独立的场域范围,不仅容易与自然接触,也容易与周边社区接触。因此,自然学校应以本土特色的场域或与生活相关的内容来设计和开展活动。

**2. 服务对象多元**

自然学校不是传统意义上的常规教育场所。它的受众范围广泛,可以是儿童,也可以是成人;可以是个体,也可以是团队。由于有自己独立的场域环境,自然学校既可以提供食宿服务,也可以提供一些自然教育活动需要的设施和设备,因此,它既适合开展儿童的独立营活动,也适合开展亲子家庭的自然教育活动。

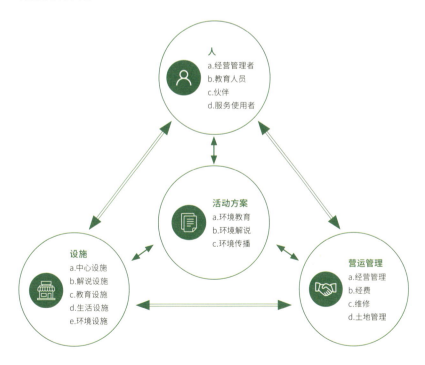

图2-4 环境学习中心构成要素(周儒,2000)

成都四季水泉自然学校,展示人与自然和谐共处之道

### 3. 时间安排灵活

在自然学校开展的活动,可以是周末1~2天的体验活动,也可以是寒暑假期间3~7天的冬(夏)令营;可以是既定课程,也可以是定制活动。通常来说,寒暑假、法定节假日等是自然学校开展活动的高峰时期。由于时间弹性大,所以需要根据不同受众的需求,分"旺季"和"淡季"来设计不同类型的活动。

### 4. 课程内容和创新有延续性

自然学校拥有固定的场域,可以在课程内容上进行长期的积累,并在积累的过程中不断丰富和创新。比如,通过活动持续性地对自然学校的周边环境和自然资源进行记录,就可以在不同的季节去设计不同主题的自然教育课程,而自然教育活动也可以随着活动的开展,不断地进行创新、优化,以达到最佳的效果和最好的体验。

## 三、如何设计自然学校的自然教育

运营一个自然学校,需要大量的投入,比如,硬件设施建设、课程研发、导师培养等。此外,开拓和维护市场也需要一定的时间和经济投入。制定一个好的自然学校的规划,需要充分挖掘本地的自然资源,根据其资源特色设计课程。拥有一所自然学校或运营一个基地对于想深入进行自然教育的团体或者个人来说,都意味着更多的可能性——与自然和土地更真切的联结、更本土化和生活化的课程、更丰富和持续的活动设计(表2-1)。

**1. 活动主题**

在自然学校开展活动的主题要突出自然学校的教育理念和在地化特色。有的自然学校以生活环保、自然创作为特色,有的自然学校以山野探索、自然观察为特色,有的自然学校则以户外运动、山野践行为特色。除此之外,按照一年四季不同节气设计的活动主题也会很吸引人。

**2. 活动地点和路线**

在自然学校开展活动,可以从自然学校里的场域来设计课程,也可以从自然学校周边的场域来设计活动。因此,不仅需要了解自然学校内的自然、人文等资源,还需要充分了解其周边地区的自然、人文等资源,然后根据需求来设计课程,甚至建设活动设施。活动设施不一定要请相关公司来专门建设,有些设施的建设可以设计到课程中,通过参与者共同努力一起完成。比如,在自然学校内的场地,可以开展修建"特色树屋"的木工课程,开设"建生态池塘,让青蛙回家"的湿地课程;在自然学校周边的场地,可以进行"无痕山林""手作步道"等活动。以自然学校为基地,在其周边开展的活动的范围和路线,通常以不超过半天为宜。结合自然学校的场地资源,要把自然教育的目标和场地的资源整合起来考虑,设计出不同的活动地点和路线。

**3. 活动内容**

在自然学校开展自然教育活动,可以从不同维度来设置活动内容。① 时间维度。自然学校作为一个固定的基地,可以用较长的时间来发展具有特色的自然教育课程和活动,比如,把一年四季的自然、生态变化,通过不同的主

表2-1 自然学校的自然教育设计要素

| 在学校开展的自然教育活动 | | | | |
|---|---|---|---|---|
| 活动主题 | 活动地点和路线 | 活动内容 | 活动时间和长度 | 活动形式 |
| 突出自然学校的教育理念和在地化特色 | ●自然学校里的场域<br>●学校周边的场域 | ●时间维度<br>●场域中不同的生态系统、物种的维度<br>●项目制学习形式 | ●半天、1天或2天的主题活动<br>●小长假3天的活动<br>●5天的甚至更长的夏令营、冬令营 | ●户外活动<br>●夜观活动<br>●分组讨论<br>●自然创作<br>●手工课<br>…… |

题课程呈现出来。② 生态系统和物种的维度。结合自然学校里生态系统、物种的特色，设计不同主题的课程，比如，昆虫课程、森林课程等。③ 项目制学习形式等维度。从这个维度出发，设计一些深度的自然体验和探索课程，可以走进自然，也可以走进周边社区，可以和生物做朋友，也可以亲近土地。由于自然学校的课程和活动多在周末或假期开展，为了充分使用自然学校的场域，非周末和假期的时候，则可以开展一些制定课程、人才培训、行业交流、主题工作坊等活动。

**4. 活动时间和长度**

在自然学校开展自然教育活动，活动时间可以更加灵活。如果离城市不是很远，可以设计半天、1天或2天的主题活动，这些活动可以放在每个周末开展；也可以设计小长假3天的活动；到了暑假，就可以设计成5天的甚至更长时间的夏令营、冬令营。

除了整体活动时间之外，单个活动时长也可以做优化。当大家来到自然学校，更希望能在放松的状态中学习。因此，单个课程时间不宜太长。比如，室内讲课控制在30分钟以内比较好，户外探索不宜时间太短，控制在1.5~3个小时比较好。

**5. 活动形式**

自然学校作为一个基地，其活动形式应与场地特点充分联系起来。同时，在场域的规划建设上，要充分考虑自然教育课程或活动的目标，根据不同活动区域设计不同内容和形式的活动。需要注意的是，在设计活动形式时，还要充分考虑安全问题。

比如，在开展户外活动前，先在室内进行相关知识的系统分享或安全知识讲解与练习。夜观活动之前，可以先在室内通过多媒体分享当地的夜观特色，把平时积累的自然故事用照片或视频的形式展示给受众。分组讨论、自然创作、手工课等形式的课程，也可以安排在室内。有条件的自然学校还可以根据不同活动形式来设置多个不同功能的室内场地，而户外场地亦如此，比如，自然游戏区、自然体验区、自然观察区、儿童游乐区、种植区、展示区等。能在自然学校开展的活动的形式可以非常多元，几乎所有常见的自然教育活动形式都可以在自然学校开展和运用。

# 第五节 城市社区绿地的自然教育

## 一、什么是城市社区绿地

城市社区是城市居民日常生活和居住的场所。在城市社区中常常会有一些绿地。这些绿地是城市社区范围内，以自然植被和人工植被为主要形态的公共用地，也是对城市生态、景观和居民休闲生活具有积极作用、绿化环境较好的区域。社区绿地通常有草坪、小树林、池塘、绿道、社区小公园、社区花园等。这些环境也常常是当地居民休憩、锻炼身体的地方，是人们接触大自然、进行户外活动的主要公共空间。如果能有效地利用这些社区绿地开展自然教育活动，无疑能加强居民对周边自然环境的了解和认识。此外，城市社区绿地是城市儿童从小与自然联结开始的地方，因而在城市社区绿地中开展的自然教育也被称为是从家门口开始的自然教育。

城市社区绿地涵盖范围广泛，近年来，以社区花园为主要载体的自然教育发展迅速，接下来将分别介绍一般社区绿地和社区花园的自然教育实践。

家门口的夜间观察

## (一) 一般社区绿地

一般社区绿地是指城市社区绿地中一般用途的绿色公共用地，包含范围比较广泛，有社区的草坪、社区的花圃、社区行道树、社区里的河道、社区里的荒地，等等。

社区的草坪和小树林可以作为自然游戏的场所，组织儿童、亲子家庭开展体验式的自然教育活动；步道、池塘、荒野等地方本身也是一个小型的生态系统，生活着许多生物，比如，蜗牛、青蛙、昆虫、鸟类，可以作为开展自然观察活动的好地方，让儿童在这里进行自然观察，去发现和认识身边自然里有趣的生命。

## (二) 社区花园

随着社区居民对城市社区绿地、社区治理等需求的提高，有一类相对比较固定的城市绿地来开展持续的自然教育活动的模式逐渐发展起来，被称为社区花园。

社区花园是以社区的绿色空间为载体，通过社区居民的参与，以共建、共享的方式开展园艺、自然教育活动的场地。社区花园最早起源于欧美国家，被誉为是文化复兴与生态文明建设在都市中的缩影。它强调人与自然、人与人的互动关系，变"公共绿地"为"共建花园"，从"看你做"变为"一起做"，成为社区居民日常生活、交往的重要公共空间，还可以定期举办各种活动，邀请社区居民、志愿者参与，体现花园的开放性与参与性。因此，它也是在社区开展自然教育的重要场所之一。

社区花园为社区里的生物提供了生存环境，又兼具观赏、休憩和自然教育的功能。有一定规模的社区花园还可以改善周边的小环境，净化空气和水质，调节局部气候，增加高品质公共绿色空间，提升周围居民的健康与福祉。

除了可种植蔬菜、水果、花卉外，社区花园也可为社区居民提供共同劳作和分享果实的空间，为各年龄段居民尤其是儿童提供参与自然教育活动的机会。在社区花园中开展自然教育活动，可以培养参与者观察自然、热爱自然、保护自然的意识和能力，同时也对维持城市生态环境、重塑社区景观等具有积极的作用。

社区花园的主要元素有锁孔菜园、螺旋花园、昆虫箱、蚯蚓塔、厚土栽培、雨水收集系统、三箱式堆肥等。社区花园的形式可以很多样，可以是社区的屋顶绿化、垂直绿化，也可以是一米菜园、朴门花园、社区农园、自然花园、雨水花园等。

### 1. 一米菜园

一米菜园（square foot garden）是20世纪80年代初，来自美国的梅尔·巴塞洛缪（Mel Bartholomew）提出的园艺概念（园林景观设计，2018）。他将一些正方形或者长方形的培植床划分为多个约30厘米乘以30厘米大小的小方格（面积为1~1.5m²，以手可以够得到为宜），然后在每个方格里种植不同的蔬菜和水果（图2-5）。一米菜园也可以作为科普课程体验区。

武汉的一个由社区居民共同打造的社区花园

- 一格种 *1* 棵的菜
  卷心菜、花椰菜、花菜、西红柿、茄子、辣椒、芥菜、黄瓜、四季豆、豌豆等。

- 一格种 *4* 棵的菜
  各种生菜（除迷你生菜）、甜菜、矮生豆类、花生、青梗菜等。

- 一格种 *9* 棵的菜
  洋葱、迷你生菜、菠菜、芜菁、苋菜、大葱、空心菜等。

- 一格种 *16* 棵的菜
  胡萝卜、香芹、香菜、葱等。

图2-5　梅尔爷爷推荐的26类蔬菜

### 2. 朴门花园

朴门花园是用"朴门"的理念和方式来经营社区花园。朴门是一套宏观的设计系统，在1970年代，由澳洲生态学家比尔·莫利森（Bill Mollison）创立。其理念核心是模仿大自然的运作模式，以可持续的方式满足人们对食物、能源等的需求。它把原生态、园艺、农业及许多不同领域的知识结合起来，通过结合各种元素设计而成一个准自然系统。朴门永续设计依照自然界的运行规律来设计环境，旨在打造可持续的生活系统。其核心精神包含三大生态伦理：一是照顾地球，二是照顾人类，三是分享多余。

朴门花园会设置垃圾分类箱、蚯蚓塔、各类堆肥设施、雨水收集、小温室等可持续能量循环的设施。朴门菜园是朴门实践的核心区域，由螺旋花园、锁孔花园、香蕉圈、厚土栽培实验区、雨水收集、堆肥区等组成。其中，为农园提供种苗支持的小温室也位于此处。这个区域是农园的核心种植供给区和可持续设计营造示范区。

### 3. 自然花园

从生态营造的角度来进行设计，为生物能够在城市里生存而人为营造的一个自然花园。比如，通过选种寄主植物和蜜源植物来吸引蝴蝶等昆虫，建造蝴蝶园甚至昆虫园；营造小池塘，吸引蛙类，建造蛙池等，从而逐渐形成一个小型的自然生态系统。利用这些设计，可以开展物候记录、自然观察等活动。这个"秘密花园"可以贯穿社区花园建设的整个过程，从社区花园的前期设计、参与建设到建成之后的运营与维护都可以设计不同的自然教育活动。

不管在哪种场域中开展自然教育，它们之间都存在很多的关联性，比如，场域在属性上的交叉、活动之间的相似与嵌合。在何种场景中应该开展怎样的自然教育，国内暂时还没有统一的标准，而自然教育在如此多元化发展的过程中，一定会出现更多更有趣的可能性，以点点繁星点亮夜空。

## 二、城市社区绿地的自然教育有什么特色

自然教育融入社区居民的日常生活之中，是许多自然教育机构倡导的核心理念，也是历届全国自然教育论坛的主题之一。

在社区开展自然教育的最主要的特点就是离居住之地很近、十分便捷，可以成为社区居民日常生活的一部分。在城市社区绿地开展自然教育，具有鲜明的特点。

## （一）一般社区绿地的自然教育的特点

### 1. 可以随时随地观察和了解身边的自然

在社区绿地开展自然教育，可以帮助人们认识自己生活的自然环境，了解在身边的大自然中生活着的其他物种。比如，社区里的花什么时候开，黄点斑蝉什么时候从泥土里出来，红耳鹎在小区里的哪棵树上筑巢、什么时候生宝宝，他们还可以在这个过程中认识一起探索自然的小伙伴。城市社区绿地就在我们身边，是城市居民日常生活里最常见的自然，因此，也是开展自然教育活动的重要场所之一。

### 2. 城市儿童是主要活动受众

通常来说，城市里的自然环境不如乡村郊野丰富多样、容易触达，这让生活在钢筋水泥城市的儿童逐渐远离自然，慢慢失去了对身边自然的敏感度和热爱。在城市社区绿地开展自然教育，能有效预防城市儿童的自然缺失症。

## （二）社区花园的自然教育的特点

社区花园作为城市社区绿地中较为典型的开展自然教育的场域，在中国还处于发展阶段。当前中国的社区花园有的由政府委托公益机构进行管理和运营，有的由小区物业进行管理和运营，还有的被私人企业或个人租用来开展相关业务。在社区花园开展的自然教育具有一定的特点。

### 1. 场地具有公共空间性

社区花园作为一个社区公共绿地，其使用对象主要是社区居民。一些大型社区，往往社区绿地更多、更大，因其公共属性，任何人都可以使用这些场地，有利于活动的开展。而通过社区共建的形式，社区居民能更加了解身边的自然，了解小环境中的生物多样性，更有意愿来维护这个公共空间的可持续性。

### 2. 鼓励多方参与

社区花园的设计、建造，需要社区居民、企业、社会公益组织等多方参与。

### 3. 活动内容和生活密切相关

在社区花园中开展自然教育活动，除了园艺种植、农作物种植之外，还可以有景观营造、废物利用等主题的活动。这些活动都与人们的生活息息相关（图2-6）。

### 4. 强调社区中人与人之间的关系

在社区花园开展自然教育，还有一个重要的作用便是构建社区和谐的人际关系，以促进社区建设与社区共治。

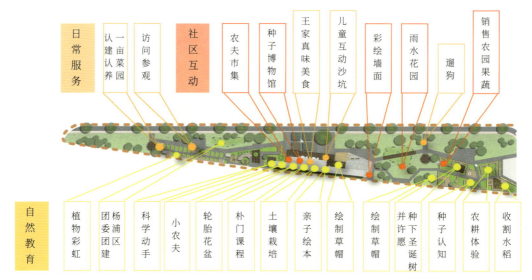

图2-6 上海创智农园活动地点分布

## 三、如何设计城市社区绿地的自然教育

### (一) 一般社区绿地自然教育的设计

在城市社区的自然教育活动中，自然观察是最常见的活动形式，因为家门口的自然观察不需要特定的地点，它就在我们身边，随时随地都可以开展。社区里的任何角落，都可以是我们的自然教室。家里总是会有蟑螂、蚂蚁、蜘蛛等生物与我们共居；推开窗户，你就可以看到窗外开花的植物，听到清晨鸟儿的鸣叫，或者闻到春天花朵盛开时散发的味道；走出家门口，就可能看到路边不知名的小野花在绽放，或者外来入侵植物悄无声息地不断蔓延；走在行道树下，你可能会看到榕树的须根，闻到玉兰的清香，看到木棉花绽放的美丽；傍晚时分，华灯初上，行走在路灯下，还会看到不少昆虫在眼前飞来晃去。小区的公园绿地，不仅是饭后休闲散步的好去处，也是许多植物、昆虫、鸟儿的家园。你会发现，其实在我们的生活里，大自然无处不在，其他生物也一直与我们相伴为邻。所以，在社区里，你就可以带着儿童进行自然观察，去发现家门口的其他生命。

在有限的自然资源条件下，挖掘本地社区绿地的特点，配以适当的活动教具，也可以设计出具有社区绿地特色的自然教育活动。自然观察、自然游戏、自然种植、自然创作等活动，都是在社区绿地里经常开展的自然教育活动。

台湾青阳农园,一个为了蝴蝶而建的农园

### (二) 社区花园自然教育的设计

因社区花园的类型、主题、自然资源有很多,根据其场地的大小、特色、居民喜好等,可以设计不同的自然教育活动。在活动设计的过程中,需要遵循一定的原则。

#### 1. 倡导环境友好

尊重场地,尽量利用现有的自然资源开展活动,避免破坏和浪费。比如,在种植植物时,应选择乡土物种、蜜源植物或者可以为鸟类等动物提供食物的植物。在条件允许的情况下,还可加入雨水花园等海绵设施,提升社区花园的抗风险能力。同时,积极引入无废城市理念,推行使用建筑废弃物综合产品。

#### 2. 利用在地资源

注重环境的可持续性,尽量挖掘场地本身的自然资源,如风能、太阳能等,充分使用社区废弃物和闲置资源,如木材、废旧建材、家具等,变废为宝,为环境减负。

## 一树白鹳

一场大火过后,白鹳大量聚集在火烧地中寻找昆虫等食物。为了躲避地面的天敌,它们会在日落时分飞到树上过夜,这棵金合欢变成了它们的旅馆。待到北半球的春天来临,它们便会迁徙到欧洲繁殖。

地点/肯尼亚马赛马拉　　摄影/羽毛在自然圈

# 第三章

## 常见的自然教育方法
## Common Nature Education Methods

**王西敏（风入松）**
美国威斯康星大学史蒂文分校环境教育硕士
上海辰山植物园科普宣传部部长

《林间最后的小孩》《生命的进化》译者，著有《雨林飞羽——中国科学院西双版纳热带植物园鸟类》《神奇的植物王国》。先后获得中国科技馆发展基金会科技馆发展奖"辅导奖"、国际植物园保护联盟（BGCI）植物园教育奖、全国科普先进工作者等荣誉称号。

**赖芸（迁徙的鸟）**
厦门大学旅游管理专业
全国自然教育网络理事（第一任理事长），鸟兽虫木自然保育中心总干事

大学时代参与环境保护运动，毕业后在自然教育和环境保护领域工作二十年。多次荣获福特汽车环保奖年度先锋奖。

> "生活即教育。"

第一节　自然体验

第二节　自然游戏

第三节　自然观察

第四节　自然记录

第五节　自然解说

第六节　自然保护行动

# 常见的自然教育方法
## Common Nature Education Methods

本章主要介绍开展自然教育的常见方法。如果将第二章提到的在各种场域中开展的自然教育比作菜肴，那么本章讲述的则是当我们面对丰富的自然教育"食材"时，应该如何将它们烹饪成一道道"美味佳肴"。换句话说，也就是当我们面对丰富多样的自然素材时，要如何将它们变成有益而有趣的活动，进而成为公众感知自然之美的入口。

本章采用了从"是什么"到"为什么"，再到"如何做"的逻辑，来梳理开展自然教育工作的具体内容和方法。内容上，从感知自然的自然体验、玩转自然的自然游戏，到学习自然的自然观察、留住自然的自然笔记，再到分享自然的自然解说。自然教育的终极目标是通过教育使人们的观念发生转变，进而自发产生自然守护行动。由于自然教育的类型丰富多样，本章并不能穷尽所有内容，特别是那些对场域有特殊要求或者自然教育导师有特殊才能的情况。

# Chapter 3

# 第三章 常见的自然教育方法

自然观察是常见的自然教育方法之一

# 第一节 自然体验

沉浸在自然体验中的儿童和家长们

## 一、什么是自然体验

自然体验是一种体验自然的活动形式，人们通过在自然中的感官活动建立起人与自然的联结。它引导参与者充分调动自己的五种感觉，即视觉、触觉、听觉、嗅觉、味觉去体验大自然中深刻、微妙、令人喜悦又发人深省的现象，促使人对自然有更深层次的理解、思考和感受，进而在精神和心灵层面有所收获，同时起到放松身心、内省自身的作用。

自然体验并不以知识教学为主，而是强调通过和大自然的直接接触，对自然产生情感的联结，进而在与自然的互动中得到情感的升华。生态心理学认为人类心灵最深处和地球同心相系，因此，回归自然、放飞心灵会有意想不到的感受和效果。对所有年龄段的自然教育对象来说，适时的自然体验可以使其身心愉悦和舒畅。因此，自然体验也是自然教育活动中最常开展的活动形式之一。蕾切尔·卡森在其《万物皆奇迹》(《The Sense of Wonder》) 一书中强调"把儿童带入到自然世界时，感受它远比了解它重要"（蕾切尔·卡森，2015）。

## 二、为什么要自然体验

台湾著名的自然教育家徐仁修先生曾说，"人类大约有十几万年的时光生活在大自然里。因此，在我们身体里的亿万个细胞，留存着这份远古时期于自然中所领受的许多记忆。一份来自自然荒野的乡愁，深深流淌在我们的血液和细胞中，当我们置身于自然之时，总会有一种无以名状的特殊感情……在都市水泥森林中出生的儿童，从小便过着眼不见青山、鼻不闻草香、脚不沾泥土的生活，以至于他们的灵性、想象力、生命力，都得不到大自然的滋养而变得缺乏欣赏力、想象力和创造力。"（徐仁修，2014）

《荀子·儒效》里说："不闻不若闻之，闻之不若见之，见之不若知之，知之不若行之。学至于行之而止矣。"意思是，没有听到的不如听到的，听到的不如见到的，见到的不如了解到的，了解到的不如去实行。学问到了能够实行就达到了极点。陆游同样有诗云："纸上得来终觉浅，绝知此事要躬行。"这些用来形容自然教育，强调自然体验的重要性再合适不过了。

城市化进程导致越来越多的人对自然缺乏感知，对身边的常见物种缺乏了解，四体虽勤，但"五谷不分"，把麦苗当韭菜的现象比以往更为严重。中国有句俗话："没吃过猪肉，还没见过猪跑吗？"常用来比喻虽然没有亲身经历过这件事情，但是也听说过、见识过，对其有所了解。现在的事实却是，很多儿童"天天吃猪肉，却真的没有见过猪跑"，甚至有的儿童以为鸡蛋、白菜、猪肉都是从超市里生产出来的，不知道它们与土地的关系，更不懂土地的重要性。

自然教育强调从书本里走出来实践，从室内走到户外，把书本的知识外化为在大自然中的亲身经历、实践与体验。而在这个过程中，自然体验成为其中重要的途径之一。

在体验中建立自己和食物、土地、自然的联结

土地里有我们每个人的汗水

## 三、如何开展自然体验

### (一) 选择适当的时间和地点

在设计自然体验活动时需要考虑活动的时间和地点。美丽、舒适的自然环境，能让人更好地感受到大自然的美好，与自然之间产生印象深刻的联结。

自然体验的时间最好选择在清晨或傍晚，此时的天气最为舒适，清晨的空气更为清新，傍晚的天气更为凉爽，温度适宜的环境，更容易让人的心境放松，达到更好的体验效果。如果天气太闷热或太潮湿或太冷，都会让人的体验感变差。这时，可以考虑寻找森林里比较阴凉的大树底下或者通风良好的自然中来开展活动。自然体验的地点选择上，优先考虑景色优美的地方或者是物种丰富或特别的生境来开展。自然体验活动常常和其他活动一起开展，比如，在自然徒步或自然观察等一段比较辛苦的活动之后，可以选择在中途一个环境好的地方，插入一些自然体验的活动，让大家安静地坐下来，闭上眼睛，调整呼吸，注重当下的身体在自然中的感觉，让自己达到身心的放松；如果周围的生态比较好，自然的声音比较丰富，可以再穿插一个"数声音"的游戏。

### (二) 体验自然的不同主题与内容

自然体验需要体验到真实的大自然，可以是自然之美，也可以是自然之殇。自然体验更多的是让人体验和感受到大自然的美好、丰富与神奇，从而建立人与自然更深层次的联结。活动主题和内容可以多元化，自然体验可以是体验大自然的美丽风景或特殊的生态景观，比如，雪山冰川的壮美、流石滩上野花的绽放；也可以是体验自然界中丰富的生物多样性或者自然现象，比如，万千候鸟的迁徙、夜晚无数的萤火虫；还可以是体验大自然的真实，比如，在自然教育活动中，偶遇小雨，也可以不打伞，走进自然去体验和感受大自然中最自然的状态。

### (三) 运用"五感"的体验形式开展活动

自然体验强调身心灵在自然中的感受，并建立人与自然的联结，这种感受需要充分运用五感和心去实现。因此，在活动设计的过程中，要尽可能地考虑所接触到的自然事物的特性，进而采用不同的感官去体会。它既可以单独使用，也可以和自然观察、自然游戏等活动结合使用。

色彩斑斓的大自然

**1. 视觉体验**

视觉是人类最常用的感官,但人们对于自然所传递出来的信息却常常视而不见。学会"看",也是一种重要的自然体验学习(徐仁修,2014)。

大自然常通过颜色传递着各种不同的信息。许多植物通过绽放不同颜色的花来吸引不同的昆虫为自己传播花粉。当种子成熟的时候,果皮就变成容易被看见的颜色,由绿色转成红色、黄色、紫色等。这是果实传递出的信息——我已经成熟了,欢迎来吃。有些动物如中华白海豚,其成年个体与幼年个体会有不同的颜色,这也是个体成熟并已准备好繁育后代的信号之一。走进大自然,运用视觉器官,可以看到大自然里的美丽与缤纷,可以认识自然万物。

在自然体验活动中,视觉体验通常和自然观察结合使用。例如,寻找同一种植物不同颜色的叶片,按照新鲜程度进行排序,进而感受生命的过程;把某个区域中的叶片、种子等自然物搜集在一起,让参与者在短时间内进行观察后到自然中去寻找相同或相似的物种。

**2. 听觉体验**

大自然中存在着各种各样丰富的声音,有风的声音、水流的声音,还有动物求偶时的鸣唱、遇到天敌时发出的"警告"。声音是许多生物传递信息的方式之一。我们运用听觉器官，便可以接收到这些自然的信息。在森林里寻找动物时，听声音是一种常用的方法。比如，听到青蛙的叫声，可以辨识出这是什么青蛙；听到鸟儿的鸣叫，可以辨识出这是什么鸟儿。与自然相处的时间长了，便可以通过听不同的声音来寻找不同的生物。

在自然体验活动中，听觉体验是仅次于视觉体验的一种常用方式。在大自然中找一个安静的地方，静静聆听自然的声音，如鸟鸣、流水声、风吹树叶的声音。有时候可以听到人造物的声音，如汽车的喇叭声、飞机从头顶飞过时的轰鸣等，这些可以在反思环节用来引导思考人类和自然的关系。在探洞活动中，可以让参与者在洞穴深处关闭头灯，静静地倾听岩壁上滴水的声音和自己或同伴的呼吸声；在夜游活动时，在某个环节关闭手电筒让参与者倾听猫头鹰的叫声、螽斯等鸣虫的声音或者其他自然的声音。在这些特殊环境下的听觉体验往往让人印象深刻。

### 3. 嗅觉体验

大自然中的许多生物都有独特的气味，有的香气扑鼻，有的臭气熏天，有的气味特殊。这些味道来自它们释放出的"化学分子"。嗅觉器官灵敏的动物可以通过嗅觉来接受信息，分辨出气味的来源和差异（徐仁修，2014）。

在嗅觉体验类活动中，可以鼓励参与者去感受不同气味的植物，比如，闻一闻有特殊气味的樟、蕺菜、鸡矢藤等植物的叶子，分辨薄荷、茅草、迷迭香等有不同气味的香料植物。这样的体验过程，能加深参与者对植物的认识。

### 4. 味觉体验

有的植物会分泌甜甜的花蜜来吸引蝴蝶、蜜蜂等帮助自己传粉，长出诱人的果实吸引鸟类等动物帮忙传播种子；有的植物通过体内苦涩的汁液让动物避而远之，避免被啃食。

人类的味蕾可以分辨出酸、甜、苦、辣、咸、涩、鲜等不同的味道。在自然体验活动中，可以设计一些通过味觉认识植物的活动。比如，品尝可食用的果实，如桑葚、悬钩子等；品尝花蜜，感受植物利用花蜜吸引蜜蜂、蝴蝶传粉的智慧。需要注意的是，在野外品尝植物存在一定的安全风险。因此，并不鼓励随意使用这种方法，除非对植物十分了解，且能百分百保证食用的安全性。在一些研学旅行的课程中，往往会安排品尝当地的特色美食，这可以看成是味觉体验的另一种呈现方式，而这种方式深受各个年龄层参与者的喜爱。

### 5. 触觉体验

我们的皮肤表面布满了触觉神经，尤其以手指处的分布最密，感觉也最灵敏。靠着手指的碰触，可以感受到所碰触物体的形态、温度、粗细、软硬、厚薄、钝锐、凹凸等，以帮助自己分辨大自然中的不同生物。对这些触感的描

大自然中每种生物都有自己独特的气味

看呀！我一点不怕大虫子

述，只要你实际触摸过一次，便会明白，并留下难忘的记忆（徐仁修，2014）。

在自然体验中，触觉体验——通过触觉感官直接去触摸并感受不同的生物的存在，是一种非常重要的常用体验形式。比如，邀请参与者抚摸光滑或者粗糙的树皮、树叶，特征明显的种子或者其他自然物，再让他们按照感受进行归类；让参与者蒙上眼睛，在不同质地的地面如草地、水泥路、石子路等上面行走。触觉体验有时候可以设计得更为活跃些，比如，为活泼、好动且喜欢一定冒险的儿童设计的滚草坡活动；而有的时候，仅仅只是微风拂面也能让人感受到自然的美好。

通过触觉体验，可以鼓励参与者和一些没有危险的小生物进行直接的接触，以增加儿童与自然生命的联结，甚至还可以改变儿童对一些生物原有的恐惧感。在接触的过程中，儿童可以更深刻地直接感受到这些小生命的可爱，然后发现自己原有的"恐惧"原来是来自于对它们的不了解。在野外开展体验自然与自然观察活动时，如果导师发现有儿童对竹节虫、螳螂、小青蛙等无毒无害的小生物感到恐惧时，可以尝试着把这些小生命慢慢地"请"上自己的手，让儿童慢慢地靠近观察，以降低他们对这些生物的恐惧感。在条件允许的情况下，可以让儿童真实地触摸和感受这些小生命，并与之产生联结，再心怀感恩地把它们放回到原来的环境中去。如果开展这类活动，务必确保自然教育导师有正确的自然观、生命观，然后通过正确的言行及有趣的讲解来影响参与者。

**6. 用心体验**

除了运用五感进行自然体验外，还有一个重要的方法就是"用心"。参与者用心地感受和体验自然，才能被自然打动，进而改变意识。但要做到"用心"并不容易，如果参与者没有进入状态，在活动过程中，很容易失去耐性和兴趣，甚至觉得无聊。这样就会出现一些反效果，难以达到自然教育的目的。因此，需要对自然教育活动进行精心的设计和准备，比如，设计一些总结、反思的环节以引起参与者的情感共鸣。"数声音"也是一种不错的自然体验活动。它是在参与者完成一段徒步后，邀请大家坐下来，闭上眼睛，安静地聆听自然中不同的声音，用心体会周围的环境，还可以鼓励参与者分享自己的感受。

开展自然体验活动的方式很多，活动效果以及活动成功与否，与组织者的活动设计和引导、参与者的投入程度相关。比如，在北方秋天时节落叶满地的时候，让参与者用落叶覆盖住自己的身体，体会和自然融为一体的感觉，不失为一个很好的创意。但这个时候如果有人觉得"太脏"而不愿意参与，则会让活动的效果大打折扣。与此同时，如果在南方开展这个活动就会很受限制，比如，落叶数量不够、地面过于潮湿、落叶中隐藏的各种可能会让人望而

我们与自然本为一体

却步的未知昆虫。不过在南方的春季，有的树种为了换叶，也会大量落叶。这时，如果换一种玩法，也会有意想不到的效果，比如，"落叶雨"的体验游戏，就是收集一小捧落叶，然后往空中抛撒，这会让参与者体验到在自然中玩耍的乐趣。此外，热闹的团队活动结束之后，在参与者从活动地点返回住宿点的途中也可以开展一些自然体验活动。比如，在保证安全的情况下，让大家选择不同的道路分开走，彼此不说话、不互相打扰，在安静的环境中关注路边的野花，甚至是独自回顾一天的收获，也是一个不错的选择。

# 第二节 自然游戏

### 一、什么是自然游戏

自然游戏是指根据事先确定的规则，以竞争、挑战、模仿等方式，通过在自然中有意识地玩耍，增加在自然中的互动，达到一定学习目标的活动形式。虽然有的自然游戏会通过自然体验的形式来完成，但它和自然体验最大的不同在于，自然游戏强调遵守提前约定的游戏规则，以团队或者个人任务的形式来完成，而自然体验则没有硬性的要求，更强调个人在自然中的主观感受。

### 二、为什么要自然游戏

约瑟夫·克奈尔（Joseph Cornell）曾在《深度自然游戏》中写道："动物都爱玩。动物行为学家罗伯特·费根说，'许多哺乳动物和鸟类都会自己玩，

让后代仍可享有碧水蓝天

也会与其他的同类动物玩,甚至还会和不同类的动物玩在一块,通过玩耍,动物们探索世界并发现各种可能。"(约瑟夫·克奈尔,2013)。自然教育的活动类型多样,而"玩游戏"从来都是最受儿童喜爱的。在游戏中,他们有最直接的体验,可以被激活全部身心、活力、创造力,并获得启发。

自然游戏可以为不同性格和年龄的人打开一扇通往自然的窗户,让人们更容易进入与自然的互动和体验活动中。特别是对低幼龄儿童来说,游戏是非常重要的自然教育活动形式。自然游戏可以教给儿童许多东西,有些是显而易见的,有些是潜移默化的。自然游戏能够提高儿童走进自然的积极性,激发他们与自然互动的活力,培养他们乐观、坚强、独立、自信、有责任心的性格和品质;帮助他们更好地理解一些特定的概念,提高学习兴趣;还可以帮助他们集中注意力,增加体验感,促使其从经验中学习。不同的自然游戏应该有不同的活动目标,不能为了游戏而游戏,丧失其教育属性。

自然游戏可以把枯燥难懂的生态伦理和生态知识,通过游戏的形式,增加趣味性和参与性,让儿童和成人更容易理解生态伦理和生态知识所表达的关系和背后的自然道理。比如,在讲述物种多样性越丰富则生态系统越稳定时,就可以通过"生命之网"的游戏,让所有人参与进来,扮演不同的物种角色,用绳子拉在一起形成一个紧密的生命之网,并随着环境的破坏和变化,一个物种接一个物种的消失和灭绝,这个紧密的网变得更加脆弱、不稳定,到最后这个网失去平衡。

自然游戏还可以促进活动中团队里面儿童彼此之间的凝聚力和相互的合作精神,亦可以帮助亲子之间的关系更加融合。比如,在"我的树"的游戏中,家长和孩子相互配合,可以把平时疏离的亲子关系变得更加融洽,增进父母和孩子之间的情感连接。

在设计活动时,运用不同的游戏类型,可以达成不同的活动目标,自然游戏可以分为以下几种类型。

### (一) 激发热情型

这一类型的自然游戏通常设计在整个活动的开始部分,其目的是让彼此还不够熟悉的、还没有准备好走进自然的参与者一起活络起来,提高兴趣。游戏过程是热闹的,是需要交流的、开心激情的、打开身体的。在游戏接近尾声的时候,参与者通常会期待地说:"太棒了,让我们继续到自然里玩耍吧!"

## 游戏案例1：大风吹

请所有参与者围成一个圆圈，其中一个参与者站在圆圈的中间作为风神。风神大声说："大风吹。"其余人一起回应："吹什么？"风神选定一个在场人所拥有的特点，比如戴眼镜，然后说："吹戴眼镜的人。"这时没有戴眼镜的人不动，戴眼镜的人需要移动自己的位置，站到其他移动的人的位置上，风神也要跑到其中一个空出的位置，最后剩下一位没有"抢"到位置的人，就请站到圆圈中间，变成下一轮的风神。

在"大风吹"的活动中，如果每个参与者已经有了自然名，可以玩"自然名大风吹"，也就是说风神说出一个自然物的特征，例如，"吹会光合作用的""吹有6只脚的""吹会掉皮的""吹能飞的"等。这时候，自然名对应特征的伙伴就要换位置。

这个游戏可以令参与者跑动起来，热闹一团，唤醒他们的热情，非常适合作为活动开始的破冰游戏，可以促进陌生的参加者之间的沟通。在"吹"自然名的时候，参与者会回忆自己和伙伴的自然名，比如，"咦，我是树，我会掉皮，你是蛇，你也会蜕皮呀！"这也是一个让大家相互熟悉的过程。

### （二）集中注意力型

通过指令请儿童安静10秒钟很容易，但是请他们安静10分钟呢？这恐怕就很难了。他们总是被大自然里各式各样的新发现吸引，又忍不住嚷着要告诉其他人。

通过自然游戏，引导参与者集中注意力，比如，专注地聆听、寻找、记录、走路。如果他们此时沉浸到游戏中，便会惊叹自己原来可以如此专注！在这之后，再请参与者进行直接观察或者体验，就会有一个较好的代入和连接。

## 游戏案例2：声音计数器

先找一个舒适的地方坐下来，让每个人都尽可能放松，然后，请大家闭上眼睛，双手微微握拳举起，安静地倾听周围的声音。每当听到一种声音，就用手指计一个数，1、2、3……1分钟过去了，请大家睁开眼睛，看看手指，最后，看看谁听到的声音最多。然后，大家围坐在一起分享一下自己听到的不同声音。累计起来，看看团队一共听到多少种声音。

最先被记录到的,可能是比较容易被听到和注意到的风声、流水声、鸟鸣声。接下来,可能会有蟋蟀的鸣叫、树叶落地的声音、人的脚步声。再接下来,参与者会惊奇地发现,仅仅是鸟鸣声都会有不同,有的清脆,有的高昂,还有的是一小群在吵架!此时,他们可能会发现自己的10个手指头已经数过不来了!

在游戏结束前,可以请他们分享自己记录到的声音分别是由什么东西发出来的。然后,大家一起去查看是不是那么回事:水流拍打在大石头和小石头上的声音原来不一样呢!这个听觉的游戏,可以很快让大家安静下来,集中自己的注意力,方便之后一些需要更深入的自然教育活动。

### 游戏案例3:伪装的小径

在一条自然小径的两旁放上各种动物的模型,比如昆虫、蜘蛛、蜥蜴、鸟,也可以放上一些本来不属于这里的物品,比如,人类丢弃的烟头、易拉罐等垃圾。将它们摆放在路边、草丛、树丫、叶片上等各种位置。然后,让参与者去寻找这些物品。

在寻找的过程中,参与者会发现,有些动物身体的颜色与环境相似,很难被发现;有些动物身体的纹路看起来很不友好,并且与环境颜色形成巨大的反差。此时,他们也许会怀疑一下:这个确定是模型哦,不会真的是有毒的虫子吧?

游戏最后,可以让参与者对比一下各自找到的模型,一起分享:哪些最容易被找到,哪些一个都没被发现?然后可以继续追问他们:有哪些东西根本就不属于这个环境?应该如何处理它们?

### (三)直接体验型

这一类型的游戏通常与自然观察、自然体验和自然解说相结合。用游戏的方式,引导参与者去直接体验大自然。完成这一类游戏的时间通常也比较长,可以分为好几个体验模块。对于不同的体验对象,也可以设计多种角度的游戏。

## 游戏案例4：我的树

将参与者分为两人一组，其中A先把双眼蒙起来，B来引导A体验，让A原地转两圈，由B牵着A行走一小段路，此时，B需要确保A的安全，通过语言指令，让A注意脚下安全，避免被绊倒，找到一棵树，并停下来，此时B邀请A用触觉和嗅觉去感受这棵树。然后再将A带回出发的位置，取下眼罩，让A凭着记忆去寻找自己刚刚接触过的那一棵树。可以试着用一些问题来引导A。比如，你还能用双手感受出来吗，记得它的粗糙和光滑程度吗？这棵树在多高的位置上，有一个"伤疤"？第一轮游戏结束之后，换上B来蒙上眼睛，A来带领，大家互换角色，再玩一次。

这个游戏特别适合亲子。作为父母在被蒙上眼睛的时候，需要特别信任自己的孩子，这样有助于增进亲子关系，同时也让父母通过游戏感受到彼此信任的感觉。

## 游戏案例5：夜间游览

在黑暗中走路，本身就是一种特别的直接体验。参与者不仅要克服心理上的恐惧，还要在视觉受限的情况下充分调动自己的听觉。一些我们在白天习以为常的声音，例如，风吹树叶的沙沙声，也突然被放大了。

邀请参与者在夜晚观察一次大自然，告诉他们留意脚下的路面，可能还有其他在夜游的小动物。这样的夜晚，许多白天不敢出门的动物们更加活跃了。引导参与者倾听蟲斯的声音，鼓励他们循着声音寻找其主人。夜里还会有睡觉的鸟儿，引导参与者通过观察地面上聚集的粪便来寻找附近树枝上正在睡觉的鸟儿。注意保持安静。

在保证安全的前提下，夜间游览发现和探索的过程就像是一个探秘游戏。这也是我们的祖先们在远古时期走进黑夜中的自然去探索的真实体验。

### （四）分享与启发型

在活动的尾声中，通常会设计一个分享与启发的环节。此时，邀请参与者分享他们在整个活动过程中所产生的感想、体会与启发，组织者在最后可以对本次活动进行回顾和总结。

在分享与启发环节，参与者的感受往往会得到升华。值得注意的是，组织者此时应以引导、倾听和鼓励分享为主，不要评分与评论，除非是在科学知识上出现了错误。

## 游戏案例6：折纸诗

折纸诗是指，所有参与者一起在同一张纸上，集体创作一首诗。这是一种分享和总结感想的方式。

在进行集体创作时，由第一个人在纸上写下第一句诗，然后传给第二个人；第二个人接着第一句诗后面写下第二句诗，然后将第一句诗折叠隐藏起来，传给第三个人。第三个人只能看到第二个人写的诗句，并接着第二句诗写下第三句，然后将前两句折叠隐藏起来，传给第四个人。以此类推，直到所有参与者均参与后，完成全诗。创作完成后，可邀请大家一起来朗读。

## 游戏案例7：一封写给大地母亲的信

在引导参与者观察到大自然被破坏的行为、现象后，邀请大家就此刻的体会和感想给大地母亲写一封信，表达心中最真实的想法。然后，让参与者分成2~3人的小组，在组内分享。

同样的信，还可以写给200年以后的后代或者100年前的祖先，也可以写给森林里一棵同岁的树或者一条奔腾的河流。

自然游戏的种类和使用场景绝不限于上面描述的这些，许多游戏还可以根据课程需求进行改编。

### 三、如何开展自然游戏

不同的游戏可以达到不同的体验效果和目的。有些游戏是直接体验，随之会营造出安静、沉思的气氛；有些游戏则引领我们洞察自然规律，把难懂的概念用游戏的形式展现出来，更容易理解并形成记忆；有些游戏能够让细腻的情感与自然的一些特性相呼应；还有的游戏纯粹是好玩，让儿童纯真的童心与热情自然流露，让成年人唤起童年的美好回忆，拨动着时空的心弦。著名的自然教育家约瑟夫·克奈尔就用游戏的方式把儿童带进奇妙的大自然去体验自然的纯美，共同分享自然的乐趣。他把多年在辅导儿童"觉知自然"的过程中所收集和创作的自然游戏编写成了风靡世界的《与孩子共享自然》(《Sharing Nature with Children》)。书中的每个游戏都会创设一种情境、一种体验形式。大家也可以根据实际情况，对游戏进行改编，但需要注意确保达到活动的目标和效果，以及特别注意游戏中的安全问题。

在设计自然游戏时，要根据实际的自然环境、参与者的特征和需求、活动目标等，设计出适合开展的游戏，让参与者在"玩耍"中感悟生命，有所收获和成长，培养其专注力、想象力和创造力，激发其好奇心等。为了实现自然教育的目标，在开展自然游戏时，需要注意以下几个方面。

## (一) 提前设定活动目标

自然教育从业者需要清楚地认识到，每一个自然游戏背后都应该有明确的活动目标。如果整个自然教育活动是由一系列自然游戏和体验活动构成的，那么其中每一个游戏的目标都要为整体的目标服务，而不能"为了做而做"。

以国内目前普遍开展的"自然名"游戏为例。"自然名"游戏是指，让参与者根据喜好，为自己取一个与自然相关的别称。这个别称会作为自己在整个活动过程中所使用的名字。很多自然教育从业者并没有理解这个游戏的初衷和意义，只是简单地模仿，要求参与者在营期开始的时候取一个自然名，而在后续的活动中并没有加以运用。

自然名游戏设计的初衷，并不只是为了让参与者取一个与自然相关的名称。从自然教育的角度来说，它有以下几个作用。首先，自然名能让参与者之间尽快地彼此熟悉起来。由于汉字同音字较多，取名日益复杂化，参与者不容易记住对方的名字。在取自然名时，大家往往会选用自己熟悉的自然物或现象，便于记忆。其次，自然名往往与本人的经历和爱好相关，能反映出其个性、身体特征等。通过自然名，可以让对方对自己有所了解。第三，自然名游戏鼓励参与者主动思考自己与自然的关系，回忆曾经有过的自然体验，并在今后的活动中得到强化。一旦有了自然名，参与者通常会主动地去了解与自然名相关的知识以及它与其他事物之间的联系等。

因此，自然名游戏的目标是帮助参与者积极思考自己与自然的关系，在不断重复使用自然名的过程中加深对这种关系的理解，加强参与者与自然的联结。

当然，也有一些自然游戏可能本身并没有明显的教育目标。比如，有的游戏在活动中，只是为了团队破冰，提升团队气氛；有的游戏则为了增加观察的趣味性。无论背后的目标是什么，组织者都需要充分理解和掌握每个游戏的目标，并形成一个循序渐进的关系，而不是让人感觉这些游戏的体验活动杂乱无章，为了游戏而游戏。因此，最好可以在每个游戏结束的时候，有一些简单的总结和分享,甚至回顾一下与前一个游戏之间的关系,让参加者理解这些体验游戏的活动都是被经过精心设计的,以让大家有更好的体验。

### (二) 明确游戏规则

为了确保游戏的顺利开展,往往需要制定一定的游戏规则,且游戏规则应该尽量简单,便于理解。在开展活动时,即使有人一时无法理解规则,也尽量不要花费太多时间在重复解释规则上,可以通过尝试性地开展游戏,让他们在玩耍的过程中慢慢理解。

"蝙蝠与蛾子"是《与孩子共享自然》中的自然游戏之一。这个游戏设计的初衷是希望通过游戏,让儿童理解蝙蝠与蛾子之间的捕食关系,了解蝙蝠是如何在夜晚依靠超声波来辨别蛾子的方位以帮助自己捕食的生态知识。阐述完这个生态关系之后,制定并公布清晰的游戏规则和指引。首先,在人数配比上,"蝙蝠"的数量根据人数通常设定为1~2个,而"蛾子"数量应比蝙蝠多。活动开始的时候,被选出来的"蝙蝠"需要蒙上眼睛,"蛾子"则在中间,其他的人则围成一个更大的圆圈作为活动的边界线。

接着,"蝙蝠"需要开始模拟超声波的定位。"蝙蝠"通过喊出"蝙蝠"一词,"蛾子"必须立刻回应"蛾子"一词,然后"蛾子"定在原地不能移动,"蝙蝠"便依靠回应的声音去抓"蛾子"。在实际情况中,有些扮演蛾子的参与者由于紧张或者避免被抓住,便不作任何回应,导致"蝙蝠"迟迟抓不住"蛾子"。这些参与者打破了游戏规则,影响了游戏的顺利进行。这时候,需要灵活处理,除了提醒他们遵守规则外,其实还可以修改规则。比如,可以要求周围扮演"篱笆"的参与者往中间走一步,缩小范围,帮助"蝙蝠"抓住"蛾子"。

此外,游戏规则的制定尽量明确,以避免引起争议,特别是关于时间、数字等的规定需要清楚明了。

### (三) 引入适当的竞争机制

一定的竞争有利于激发参与者的热情,这种竞争可以是个体间的,也可以是团队之间的。具有竞争性的活动有利于锻炼个体的能力或者团队的协作与合作能力。有一些团体游戏,需要大家一起参与才会好玩,甚至人越多玩得越过瘾。

以植物认知活动为例。在植物认知类活动中,通常是由自然教育导师为参与者进行植物知识讲解。但这种方式对于儿童来说比较枯燥,也会因儿童内在动力不足,使活动无法达到预期效果、实现教育目标。如果在知识讲解的过程中加入自然游戏，并适当引入竞争机制，则可能会增加他们的学习动力。活动组织者可以事先通过踩点来确定活动区域内一些比较有特点的植物，制作活动地图。然后活动时，将参与者分组，要求他们在规定的时间内寻找活动地图上标记的植物并返回出发地点，先返回者得胜。为了避免参与者只顾完成任务而忽略了对植物的认知，可以要求他们完成一些额外的任务，比如，记录物种的特点、描绘植物的细节、观察是否有昆虫在利用植物等。最后，通过小组成果分享、问答等方式来检验活动效果。实践证明，这种竞争机制的引进可以大大增强参与者的学习兴趣，提升学习效果。

需要特别注意的是，引入竞争机制要防止过犹不及。过度地强调竞争，容易误导参与者将结果看得太重而忽略活动过程中那些更有价值和意义的部分，甚者阻碍活动的顺利开展，不利于活动目标的达成。因此，在活动过程中或者在分享环节，需要适时地解释活动设计背后的初衷和意义。

### （四）适时调整游戏难度

自然游戏通常具有一定的挑战性，参与者需要付出努力才能顺利完成游戏。但有时候太难的游戏容易使人产生挫败感，而太简单的游戏又容易让参与者觉得无趣。因此，我们需要根据参与者的年龄、认知水平等特点以及活动条件等因素来随时调整自然游戏的难度。需要记住的是，自然游戏的目的是为了让参与者更好地理解自然，而不是为了难倒他们。因此，在游戏强度的设计上，要充分考虑参与者的接受程度。一旦发现游戏过于简单或难度过大，应该及时进行调整。以游戏"我的树"为例，如果所处环境中的树木种类过于单一或者参与者年龄较大，那么需要在活动的过程中特意地制造一些障碍，比如，增加转圈次数、摸完树后尽量离树远一些再拿下蒙眼布辨认等，以增加游戏的难度。反之亦然。

### （五）确保环境安全

在开展自然游戏的过程中通常会有一些奔跑、追逐的环节，因此特别需要注意活动场域的安全。对活动范围要求不大的游戏，尽可能选择在平坦的草地或者木质平台上进行，地面上不要有突出的石头或者树枝，以免参与者不小心跌倒受伤。有些活动需要使用纸和铅笔，要避免让参与者特别是儿童握着铅笔奔跑，可以提醒他们把笔放下后再活动，或者需要使用时再分发给他们。对于有肢体接触的游戏，更要避免参与者之间出现互相推搡的情况等。

总体来说，自然游戏是一种喜闻乐见的自然教育活动形式，如果运用得当，能够有效地激发参与者的兴趣，进而促进自然教育目标的实现。

# 第三节 自然观察

## 一、什么是自然观察

自然观察是指在自然里对自然物甚至非自然物以及它们之间的关系进行寻找、记录的一个过程（黄一峰，2013）。著名自然教育家徐仁修先生也说过："大自然随时都在传递着信息，只要我们稍加留意，通过观察，就能发现这些有趣的自然密码，解读其所代表的意义，这就是自然观察。"（徐仁修，2014）如果用眼睛看是一种"观"，那么用心体会就是一种"察"。在做自然观察的时候，除了用眼睛看，我们还要运用所有的感官系统去觉察和体会。

自然观察是自然教育中非常重要的活动方法，它可以通过亲身实践，帮助人们增加个人的自然经验，这样的学习和积累会比看书、听课的效果更佳，印象更深刻。如果在自然观察中，自己能发现的一些奇特的物种或者特别的自然现象，这样的发现不仅让个人对自然深刻难忘，也会激发个人对自然进一步的兴趣，还会有越来越多的自然故事可以分享。

## 二、为什么要自然观察

自然观察是一种让参与者进一步了解自然、认识自然和学习自然的重要途径。自然观察的时间越长，对生物物种的认识积累就会越多，也可以更深

自然中的每个生命都值得我们尊重与善待

入地理解物种与物种之间、物种与环境之间的关系，才能够真正懂得尊重生命、善待自然的意义。通过自然观察活动过程，可以带领公众轻松地亲近大自然；借由自然观察的专注，可以更懂得欣赏大自然的完美；而激发自然观察的想象，可以体悟大自然的奥妙与智慧。

对大部分人来说，参加自然教育活动，都会希望可以有机会更多地探索自然来了解自然、认识自然。自然观察就是探索自然必不可少的一种方式，同时，还可以增加活动的趣味性，让参加者发现自然的神奇与奥秘。自然观察活动也可以培养参加者的专注力。因为大多数自然里的生物物种都有保护色，要在自然里发现和找到它们来观察并不容易。大人们走在自然里，常常会忽略自然里的各种生物，反而孩子们却能很轻易地发现自然里的各种生物。

### 三、如何开展自然观察

很多人以为，自然观察就是让大家去看各种自然生物，如植物、昆虫、鸟类等。这其实是对自然观察的狭隘理解。自然观察并不要求参与者记住所有物种的名字，而是鼓励大家学会欣赏大自然的神奇与壮美，感受日夜与四季

正在做自然观察的孩子

的变化。在自然观察的过程中，我们会发现叶片有不同的颜色与形状，蝴蝶有轻盈的舞姿和美丽的图案；我们还能倾听到各种虫鸣鸟叫，分辨花香果味。更重要的是，我们通过观察可以去了解生物之间、生物与环境之间发生的故事与彼此的关系，去理解整个生态系统运行的规律，进而重新思考人在自然中的地位以及和其他物种的关系。

最简单的自然观察就是就近观察。地点可以选择在校园、社区、公园、一片荒野地、池塘、溪流等任何附近容易抵达的自然生境。

从开展活动场域的广度来看，不同的地域、不同的海拔、不同的生态系统可以让自然观察范围变得更广泛；在不同的地方进行自然观察，因为生境不同，观察到的东西会很不一样；而从开展活动的深度来看，不同的时间、不同的气候、不同的季节、不同的月份，可以让自然观察触及更深入。即便在同一个地方进行自然观察，一年四季有不同，阴晴雨雪又有不同，早上和傍晚也有不同，因此不同时间的自然观察会有不同的认识和收获。这也就是自然观察的魅力所在。

### （一）自然观察的准备

无论是自己做自然观察还是参加自然观察活动，首先都要做好充足的准备，比如，服装需要长衣长裤，不能穿鲜艳颜色的服装，而建议穿融入自然色彩的服装，运动鞋也尽可能选择舒适的徒步鞋，还需要准备好帽子、背包、雨具、水壶，以及一些自然观察的辅助工具，比如，笔记本、放大镜、望远镜、图鉴、相机、观察盒等。

### （二）自然观察的态度

自然观察的态度很重要。走进自然，需要放慢脚步，多停留，少匆忙，速度越快，看的东西越少，反之则会收获更多。再次，自然观察者需要具有敏锐的观察力、专注的注意力、强烈的好奇心、丰富的想象力和坚决的耐心以及尊重生命的同情心。

### （三）自然观察的内容

自然观察究竟观察什么？自然观察的对象主要是大自然，包括自然景观与地质、自然生态系统、自然物种、自然现象，等等。在自然观察中，也可以从"点""线""面"的角度来进行。"点"的自然观察主要是单一物种的观察，可以从该物种的生、老、病、死、衣、食、住、行等的维度来进行观察和了解。"线"的自然观察主要是物种与物种之间的关系，比如，共生关系、寄生关系、附生关系，以及合作关系或竞争关系。而从"面"的大环境角度来看，就是体现在生态系统的位置。

### (四) 自然观察的注意事项

经验丰富的自然教育者，会变化出很多自然观察的形式，而非仅仅把自然观察当作"物种寻找"活动。为了更好地开展自然观察活动，应注意以下几个方面。

**1. 注重观察力的培养**

在活动过程中，要有意识地引导参与者培养观察力，比如，专注力、敏锐度等。例如，要求参与者观察一棵树，让他们尽可能地从多个角度来描述这棵树的特征：树皮的颜色、树叶的形状、花朵的结构、树干上是否有其他生物活动的痕迹、树根的特点、这棵树和周围环境的关系等。也可以持续地观察和记录这棵树在不同季节的变化：芽苞何时长大，何时吐芽、展叶，叶片颜色的变化，何时开花、结果，果实何时成熟……还可以持续观察有哪些动物依着这棵树而生，例如，有没有蛾和蝴蝶的幼虫、甲虫取食这棵树的树叶，有没有鸟类甚至是哺乳动物取食这棵树的果实。通过参与者的不断补充，大家会惊讶地发现，原来一棵看上去平淡无奇的树，蕴藏了一个"小世界"。

再例如，观察一棵樟树。可以通过引导参与者观察樟树的树叶来理解"离基三出脉"的特点及其叶片上腺点的功能；还能在叶子上寻找樟青凤蝶的卵，了解寄生关系；观察乌鸫、白头鹎取食樟树果实的行为，了解种子的传播策略和物种间的互利互惠关系；还可以通过在樟树上寻找蚂蚁、天牛、刺蛾的茧等，进一步理解生态系统中各个物种间互相依存的关系。也正是因为这些关系的存在，大自然才会如此丰富多彩。

**2. 注重观察方式的学习**

观察一个物种的特征往往比观察多个物种更加容易上手，也便于低龄儿童的参与和理解。制作自然观察学习卡是训练观察力、养成好的观察习惯的方法之一。比如，在规定的时间内到大自然中寻找指定特征的自然物：有3种颜色的树叶、最坚硬的物品、最柔软的东西、被虫子咬过的树叶、有尖角的自然物等。通过这样的寻找，鼓励参与者关注事物的细节特征，培养其观察力。这类活动还有很多变化的形式，比如，让参与者先去搜集一堆落叶，然后根据落叶的各种特征进行比较：最大的树叶、颜色最多的树叶、虫洞最多的树叶、气味最强烈的树叶等。

在观察物种特征的过程中，参与者会慢慢产生对它们的兴趣，并开始期待更深度的观察和了解。有些参与者开始关注植物，成为植物爱好者；有些

通过自己的双眼看到不一样的世界

参与者喜欢观察昆虫,成为一个昆虫迷;有些参与者则喜欢上了鸟类,逐渐成为一个观鸟爱好者等。

### 3. 合理设计观察的现场

自然观察并非只能在物种丰富的地方进行,也并非只能"靠天吃饭",有什么就看什么,而是可以根据活动的目的加以设计和深化的。例如,为了让参与者更好地理解昆虫的伪装和隐蔽能力,可以在活动小径的两侧放置一些昆虫模型,让参与者将其找出来。参与者在有过这样的经历之后,再去寻找和观察真正的昆虫时会有较好的效果。此外,对于一些平时很难观察到的物种,可以将事先搜集到的自然物,比如,豪猪刺、鸟的羽毛等布置在活动场地中,营造观察惊喜的氛围。需要注意,放置这些自然物时需要确保此地确实有该物种生存且符合其行为特点,不能为了营造观察效果而"伪造"并不应该存在于该自然环境中的现象。比如,从外地捕捉萤火虫,在并不适合萤火虫生存的地方放飞,就是典型的"伪造"自然现场的例子。真正的自然教育是坚决反对如此做法的。

### 4. 注重观察的行为

在开展自然观察的过程中,有时候为了更好的教育效果,会采摘树叶和果实、使用昆虫瓶捕捉昆虫、抚摸动物等,自然教育者应该注重其中的动物伦理和道德问题。除非确实有需要,我们一般不提倡以上行为,特别是那些

有时借助设备可以让自然教育事半功倍

仅为了让参与者觉得有趣而做出的破坏自然的行为。我们可以用落叶代替采摘树叶。

在自然观察时，要欣赏野外自在生活的野生动植物，不要野采、不饲养捕捉的昆虫，在观察之后应该原地放飞，不能鼓励或者默许参与者将其带走，更不鼓励非科研需求的标本采集和制作。自然观察需要避免对野生动物造成干扰和伤害。

在观鸟过程中，不能为了便于观察而用驱赶等方式来让鸟惊飞；遇到鸟类正在筑巢或育巢，不要太过靠近，避免鸟类弃巢。

在野外，遇到一些野生动物，需要保持一定的安全距离，避免直接接触，有时候人类容易感染野生动物的病菌，有时候人类的病菌也容易给动物带来伤害。

**5. 遇到不认识的物种怎么办？**

在自然观察中，儿童或者家长最喜欢问的问题是："这是什么？""那是什么？"有些常见的、熟悉的物种可能会比较容易回答，但自然界物种成千上万，也会有许多物种是导师自己也不认识的。因此，可以通过记录特点来查找图鉴，或者咨询这个领域比较资深的老师或伙伴来进行鉴定。还可以持续地观察和记录，以增加对该物种深入的了解和认识。

### (五)常见的自然观察活动

**1. 定点观察**

定点观察，顾名思义就是选择一个区域（可大可小，如一棵树、一条河流、一个小区、一片湿地、一条步道、一座森林、一片野地等）或者一个自然物种（如某种植物从开花到结果的过程，某种鸟的繁殖过程等），花一段相对比较长的时间持续性地对它进行观察，去了解它在一段时间内的变化，以及各种生物与环境的变化和互动。随着观察的深入和时间的积累，定点观察会让参与者开始对这片区域的物种多样性熟悉起来，慢慢地可以知道家门口的大树什么时候会开花、蝉什么时候会出来、在家门口筑巢的鸟儿哺育宝宝的周期等。定点观察可以让参与者敏锐地感知周围环境的变化。

**2. 夜间观察**

目前，夜间观察是国内自然观察的重要活动形式，很受公众的欢迎。由于夜间观察条件的特殊性，要特别注意在组织夜间观察时的活动行为。例如，如果参与夜间观察的儿童年龄偏低、自我控制能力较弱，他们很可能会用手电筒直射他人的眼睛，此时组织者需要提前评估是否允许儿童自己全程手持手电筒。此外，夜间观察的重点应该是白天观察不到的自然现象，手电筒不应该长时间照在所观察的活体生物上，特别是夜间栖息的鸟类。夜间观察不能过于依赖视觉去寻找物种，更应该利用夜晚的条件，调动听觉、触觉、嗅觉等感官来体验。夜间观察需要更加注意安全，避免因为看不清道路而跌倒，避免定点观察时过于拥挤导致推搡、被蛇类咬伤等意外发生。

**3. 观鸟**

观鸟是一种较为独特的自然观察活动，主要是观察鸟的种类以及行为。由于爱好者众多，已经形成了一定规模的观鸟爱好者群体，甚至有专门的观鸟旅游、观鸟杂志、观鸟设备以及观鸟节等产业和活动。观鸟的工具主要包括双筒望远镜、鸟类图鉴和便于携带的记录本。观鸟可以从身边的鸟类开始，比如，生活在小区、校园、公园或者植物园里的鸟类。在了解了本地的鸟类之后，观鸟爱好者往往会专程赴外地甚至国外开展观鸟旅游。当前国内较受欢迎的观鸟旅游地点包括云南的西双版纳、高黎贡山、德宏盈江，广西的弄岗，河北的北戴河，福建的闽江口，江西的鄱阳湖，海南的尖峰岭，湖南的洞庭湖，甘肃的莲花山，四川的唐家河和王朗，辽宁的大连老铁山等地。观鸟者通过分享观鸟记录，对监测中国的鸟类分布情况作出了重要贡献。

**4. 自然观察游戏**

自然观察游戏与前面的自然游戏略有不同。自然游戏更偏重体验，是通过游戏的形式达到体验自然的目的，与大自然产生联结，更好地感受自然、理解自然的关系或自然的知识。而自然观察游戏则是通过游戏的形式来达到自然观察的目的。

比如"自然寻宝"游戏，就是自然教育导师事先进行踩点，在开展活动的地方，把常见的或容易找到的一些自然物的特征先写出来；然后，分组或者独自进行，在规定的时间范围内，看哪个小组或者个人以最快的速度找到全部的自然物。当然，这里需要强调的是，这些自然物必须是落在地面上的，而不能进行现场的采摘，避免对自然的破坏。找完之后，大家聚在一起来进行分享，看看每个组或个人是否都找全了。如果很喜欢就留在脑海中，拍摄下来，或者画下来，记录它们的特征。活动结束之后，把所有发现的东西安全地归还大自然。

## 游戏案例8：自然寻宝

自然界的每一样东西都有它的用途与功能。
即使是看起来并不怎样的东西，
尝试与它们做接触，
用不同的角度和心情与它们作朋友，
相信你一定会有意外的收获。
找找看下面的这些宝贝：

◎不同形状的落叶　　◎会飞的东西
◎圆圆的东西　　　　◎带不走的东西
◎尖尖的东西　　　　◎丑丑的东西
◎美丽的东西　　　　◎软软的东西
◎硬硬的东西　　　　◎没有用的自然物
◎能吸引太阳能的东西　◎重要的东西
◎动物的痕迹　　　　◎白色的东西
◎颜色很多的东西　　◎让人一看就喜欢的东西
◎非常直的东西　　　◎会响的东西
◎有羽毛的东西
◎枯木的东西

以上所列的项目，仅供参考，需要根据现场的实际情况进行调整或修改。

# 第四节 自然记录

### 一、什么是自然记录

自然记录是让参与者通过不同的记录形式，把在活动过程中对自然现象的观察结果，以及在观察中产生的理解、思考和感悟记录下来，强化人与自然的联结。同时，自然记录的原始材料也是非常好的自然教育活动产出。自然记录的形式多种多样，常见的有自然笔记、生态摄影、绿地图、自然音乐、自然创作等。

### 二、为什么要自然记录

在自然教育活动中，自然记录可以进一步强化参与者对自然的理解，提升参与者在活动中的专注力，同时，沉淀所学习到的知识，增加活动的体验感和活动的产出。自然记录可以帮助参与者总结自己的发现，表达自己的感受，并将它们通过记录的形式呈现出来。这些自然记录，还可以和家人、朋友一同分享。自然记录的累积，也是个人自然经验成长的一个成果，甚至可以补充这个地方的物种记录。

对于自然教育机构而言，随着自然记录活动开展的次数越来越多，可以把这些记录进行整理，积累一段时间之后，举行自然记录展览。这样可以让更多的公众了解这个地方的自然生态，也是一件非常有意义和价值的事情。

桃子的自然笔记

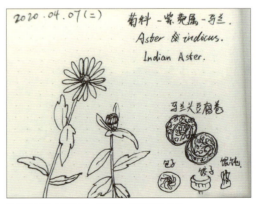

关于马兰的自然笔记，从开花、结果到被食用

### 三、如何进行自然记录

对于不同年龄的参与者而言，可以有不同的记录形式。对低龄儿童来说，自然笔记、自然创作这类动手设计活动较为合适，可以发挥他们无限的创意去进行记录。对于年龄大一些的儿童，还可以增加生态摄影、绿地图、自然音乐等活动形式。

每一种自然记录方法，都可以写成一个详细的专题进行介绍，本书仅向大家介绍它们的基本概念和方法。对于不同的自然记录手法，读者可以通过其他材料进行深入学习。

#### （一）自然笔记

自然笔记是用画笔记录自然物和自然现象的一种方式，是目前国内较为普遍采用的一种自然教育方法。自然笔记对材料的需求较为简单，一支笔、一个本子即可。为了让活动效果更明显，最好还有一套彩笔，方便参与者涂色（芮东莉，2013）。

自然笔记活动之前，让参与者写上他们的基本信息，例如，姓名或自然名、日期、时间、地点和天气。

然后，让他们找到一个自己喜欢的小天地或自然物进行观察，接着，可以用画画或者写诗词等形式，在本子上记录下来，也可以采用图像和文字集合体的形式，如果有简洁的文字对所描绘的对象进行阐述，能给自然笔记增色不少。如一幅记录珠颈斑鸠的自然笔记作品，如果在画作旁配上"一只'鸽子'在地上行走，它的脖子上有一圈白色的斑点"这样的文字描述，就能把珠颈斑鸠最明显的特征标记出来了。

自然笔记的内容很广泛，自然中的一切现象乃至在自然中的心情，都可以成为自然笔记的内容，例如，树叶、花朵、昆虫、土壤、鸟类、云朵、月亮等。最后，可以给这个自然笔记起一个名字来表达主题或中心思想。

如果觉得参与者把自然物画出来并不能突显其特色，可以尝试鼓励他们用以下几种方法给自然笔记增色。

① 增加对自然物细节的观察，如掉落的羽毛、被虫子咬了的树叶、正在给花传粉的昆虫等，并将细节在画纸上放大。

② 持续地对同一个自然物做自然笔记，记录其变化。例如，一朵花从含苞待放到凋落的全过程、鸟类孵卵到育雏的全过程等。

③ 对同一类自然物进行对比。例如，不同的树叶、不同的树皮、院子里的蔬菜、常见的蝴蝶等。

④ 学会说故事。例如，一只在毛毛虫身上寄生的寄生蜂、给雌性翠鸟献鱼的雄性翠鸟、正在盗蜜的昆虫等。适当地阅读一些科普书籍，会使我们了解很多的生态学故事，帮助我们做自然笔记。

⑤ 在记录自然物的同时，记录自己对此的思考。如看到燕子育雏想到父母养育孩子的辛劳等。

⑥ 做自然笔记的时候，多问几个为什么，并把这些问题记录下来，即使目前还没有找到答案也没有关系。这有利于加深自己对事物的理解。

另外，需要强调的是自然笔记不是绘画比赛。画得好会增加自然笔记的吸引力，但自然笔记更注重对自然的真实描绘，而非对自然物的描摹。有些参与者在做自然笔记的时候，往往在网上找些图片，然后将其临摹下来，这样就脱离了做自然笔记的初衷，也缺乏自然笔记的灵魂，不是自然教育鼓励的行为。

自然笔记贵在坚持，如果能如写日记般坚持，长时间地记录自然的变化，随着时间的增长，就越能体现出自然笔记的价值。

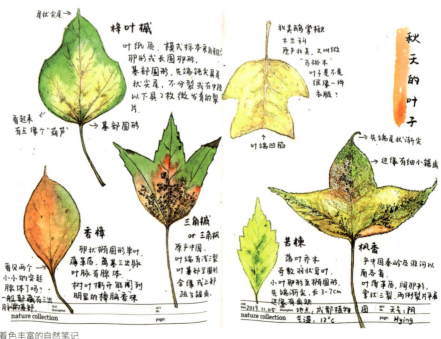

着色丰富的自然笔记

### (二) 生态摄影

摄影是自然教育中常用的活动形式之一。在参加自然教育活动时，参与者常常一边进行自然观察，一边拍照记录。有的参与者会将拍摄的照片用于自然笔记；有的则会把拍摄的照片用于物种记录；还有的在拍照的过程中，观察到了拍摄对象在不同角度下的特征，将它作为自然观察的一种辅助形式。随着手机的普及和手机拍照功能的加强，这一活动形式越来越受欢迎。

生态摄影，就是以自然界中的生物或景观作为拍摄对象，真实地展现自然事物和记录自然故事而进行的有目的的摄影创作，包括拍摄生态照片和影像资料。

同自然观察一样，生态摄影也可以从身边开始，例如，小区的绿地、校园和街心公园等。根据自己想要拍摄的对象，可以选择前往城市公园、森林、湖泊、湿地、海岸等进行拍摄。要做好生态摄影，让作品具有表现力和感染力，需要理解并遵循美、真、善和创意4个内涵。

美：美是形式美，指作品的外在美感。它是一种视觉吸引力，能够引起观众的注意。美的生态作品，能够吸引人驻足，并使其被作品影响。

真：真是真实，不作假。"真"的照片蕴含了科学知识，而这些知识是可以通过照片被解读出来的。

善：生态摄影创作必须是充满善意的。善是对大自然和其他生命的敬畏与尊重。善是心怀感激—感激自然给了我们这样一个难得的机会，亲眼目睹如此美妙、神奇、壮观的景象。

创意：生态摄影作品需要有创意，用自己的角度去展现摄影主题，以此来反映自己的想法和情感。

以图3-1为例，解读一下一个好的生态摄影作品如何体现以上4个内涵。该图片中的主题是一只体型特别的婆罗洲角蟾。照片的拍摄角度很好地将这个物种的特征，如吻部突出、头部长角等展现了出来，具有一种美感；照片背景中湿润、布满苔藓的石头比较真实地反映出该动物生活的环境特征；摄影师趴在地面上，以一个仰视的角度拍摄角蟾，使主体显得威武、神气且高大，这是一种拍摄创意和技巧，也体现出对生命的尊重和善意。

养成好的摄影习惯，坚持照片质量是成为一个优秀的自然摄影师的关键所在。尽可能地使用三脚架保持稳定、善于运用光线（比如，闪光灯、手电筒、阳光）、寻找适合拍摄的主题、采取有思想的构图以及创意的拍摄角度，这些技巧都有助于你拍摄出一幅好作品。虽然如今机器设备更新换代速度非常快，但是拍摄技法的提高则不会这样迅速，所以不必在更新设备上投入过多的精力，而是要不断提高自己的摄影技术和审美能力。

图3-1 生态作品：婆罗洲角蟾

对自然了解越多，拍的照片就会越好。对自然了解越多，就会越享受户外的时光，也会找到更多要拍摄的东西。好的生态摄影师在学习数码摄影知识的同时，也试图像博物学家一样拥有更多的自然知识。

作为一个合格的自然观察者和摄影师，尊重你的拍摄主体和它所处的环境至关重要。拍摄时，应尽量减少对自然的影响，切忌破坏拍摄对象，如不采野花、尽量待在小路或空地上、不打扰野生动物等。

（三）绿地图

绿地图是以环境保护为主题的地图，采用全球统一使用的地图图例和绘图资源对所绘社区的自然、文化、环境保护、可持续发展资源等进行标记，常用于自然教育活动中。其创始人是来自美国纽约的温蒂·包尔（Wendy Bower），她于20世纪90年代创办了非营利性组织"绿地图"（Green Map）。该组织通过制作绿地图的方式，为人们选择可持续发展的生活方式提供向导，以期促进全世界各地社区的可持续发展。

在绿地图上，通常会标示出该社区/学校的自然生境、动植物分布、基础建设、文化景观、生态资源、环境资讯、交通步道甚至污染情况等。在制作一幅新的绿地图时,如果要使用绿地图的国际系统标识,需要先向绿地图(Green Map, https://www.greenmap.org/)申请标识的使用许可,才能公开使用并发表所创作的绿地图。

在开展自然教育活动时,可以设计一个制作绿地图的环节。比如,为你所在的学校、公园、自然保护区制作一幅绿地图,将区域内的动植物分布情况标注出来,指出哪里有鸟儿觅食,哪里有大树分布等。

想要创作出一幅好的绿地图,需要对该地的自然资源、生态环境有足够的了解,对这个地方的生态特征如数家珍。比如,哪里有鸟类觅食、筑巢,哪里蝴蝶较多;哪里有湿地,哪里有树林等。要事先把这些你想标记在地图上的信息弄清楚了,才能进行绿地图的创作。

绿地图的创作形式多样,可以用绘画的形式进行绘制,也可以用一些实物来布置。创作绿地图的过程,通常需要参与者到该区域进行走访调查,熟悉各类资源情况,这样一来可以增加他们对该区域的认识与了解,并在与别人分享的过程中增强对该区域的热爱,从而提高参与者的保护意识,促进其保护行为。

徐仁修老师正在野外收集大自然之音

## （四）自然音乐

音乐是由一系列音组成的有逻辑的声音组合，是一种艺术形式。在所有的人类文化中，都有音乐的存在。许多音乐源于自然，从音乐的旋律到音乐的节奏都能追溯到自然的源头，比如，意大利著名的作曲家安东尼奥·维瓦尔第（Antonio Vivaldi）的弦乐五重奏《四季》就是对"音乐即自然"的诠释。在大家非常喜欢的班得瑞（Bandari）的音乐中，也有很多自然的元素。大自然为许多音乐人的创作带来了灵感。

在自然教育活动中，音乐创作虽然不是广泛开展的活动形式，但也已经有了不少尝试，受到了参与者的青睐。

### 1. 聆听自然的天籁之音

在大自然中，无时无刻不存在声音。夜晚的森林里，有各种虫鸣蛙叫声，宛如一场自然的音乐盛宴。在开展夜观活动的时候，可以找一个地方，让参与者静静地聆听一场大自然的"演唱会"，还可以对各种声音进行辨识。

### 2. 野外录音，混合创作

大自然中不仅有各种虫鸣蛙叫、鸟语兽声，还有风声、雷声、雨声、海浪声、流水声。如果将这些丰富的自然之音收集起来，再通过后期制作，可以创作出特别的自然音乐。欧洲大自然音乐宗师"班得瑞"团队的音效师，深入瑞士的山林湖泊，钜细靡遗地将大自然的声音记录下来，创作出举世闻名的自然类轻音乐。其作品中的每一声虫鸣、流水声都是从大自然而来。置身山林之中让他们拥有源源不断的创作灵感，最终创作出最具自然脱俗的音乐风格。中国台湾知名的音乐制作人吴金黛老师，耗时5年，深入台湾各处山林、河川、海边、沼泽，收集了各种大自然的声音，包括风声、水声及100多种野生鸟类、两栖动物、昆虫的声音，创作出了《森林狂想曲》，让听众在聆听时如同身临其境，感受到自然的生命力，进而唤醒人们对环境的珍惜之情。

## （五）自然创作

自然创作，顾名思义就是利用自然物来进行创作的活动。这类活动在自然教育课程中特别受欢迎，很适合低龄儿童参加。参与者既可以分小组一起创作，也可以个人独自创作。自然创作常常开展的活动有自然拼贴、自然拓印（植物拓印、石膏拓印）、自然雕刻等（黄一峰，2009）。

自然拼贴活动是自然创作中最容易上手的活动之一。它需要的工具、材料相对都比较简单。

当孩子们的创意遇到大自然的素材,将有无限的惊喜

孩子们的自然拼贴作品

儿童眼中的自然与世界

 ## 自然创作案例1：自然脸谱

活动目的：创作心中的美好大自然。

材料：白色卡纸、白胶、剪刀、小袋子。

制作方法：

① 可以一个人自由创作，也可以分组或以家庭为单位，共同创作。

② 在附近收集一些自然物作为创作素材，适量取用，可以有叶子、种子、枯枝等。

③ 结合自然物品特征，可以构思好创作的内容，在卡纸上先把物品摆放成心目中的样子，可以摆放成自然脸谱，也可以是其他想表达的自然作品。

④ 构图定格好之后，用白胶把这些叶子等自然物进行粘贴固定。

⑤ 在作品上，也可以用彩色笔进一步进行修饰和完善。

⑥ 成品做好之后，可以拍照留存，也可以用木框装裱好，长期存放。

⑦ 和伙伴们一起分享创作故事和想表达的自然之美。

⑧ 学习和了解此时此地的自然物的一些特点，欣赏大自然的美好。

## 自然创作案例2：制作简易的自然乐器，进行演奏

利用自然物来进行音乐制作，也是一种常见的自然创作形式。

① 竹笛。砍一小段紫竹，将其削成一个短笛，在竹身上切一个口子，可以吹奏出一些简单的歌曲。

② 树叶。利用一些树叶也可以吹奏出奇妙的音乐。树叶是大自然赋予人类的最古老、最简单、最原始的天然乐器之一，在中国许多少数民族中都很流行。

如今越来越少人能制作竹笛、吹树叶了，但仍有一些自然音乐爱好者在坚持学习和练习，传承着这些宝贵的技艺和经验。

## 自然创作案例3：植物拓印

活动目的：发现植物的自然美。

材料：丙烯颜料、拓印的布料（可以是手帕、布袋子或衣服）、纸、布料和叶子。

制作方法：

① 挑选适合进行叶拓的植物，比如，叶脉突出的叶子。叶脉纹路越深，拓印越能成功。开始的时候切忌随意采摘，先观察不同叶子的形态，摸一摸叶片背面的纹路，觉得合适，再进行采集。

② 有了树叶的材料，就开始进行叶拓的构思了。要记住先从简单的入手，不要一下子放很多叶子布满整个布料。

③ 确定好构图，就用丙烯颜料在叶子的背面涂上颜色，趁颜料还没有干，尽快将叶子背面贴在布料上，然后用一张纸盖住叶子，轻轻地压着，适度地用手将完整的叶子形状压向布料，让布料尽可能地吸收颜色。注意不要移位，否则就不能完整地把叶子的叶脉拓印好。

④ 压完之后，慢慢地把叶子从布料上揭下来，这样拓印就大功告成了。在布料上就可以看到美丽的植物拓印创作了。

除了用颜料之外，还可以把植物的叶片拓印在石膏上。这样做出来的自然创作不仅有艺术美感，还能有化石的美感。

# 第五节 自然解说

## 一、什么是自然解说

解说最早起源于欧美国家的国家公园体系，主要目的是给游客提供好的游览体验，让他们理解、支持国家公园开展的保护工作。在自然教育活动中，解说也有着广泛的应用。比如，在开展自然导赏活动的时候，导赏员通过讲解的方式把场域内的自然知识、生态原理、自然保护理念等用易于理解、有趣的方式传递给公众，这就是一种自然解说。"自然解说"和"环境解说"实际上指的是一回事，都是通过解说的形式，将自然生态的专业知识、自然保护的核心理念转化为公众易于理解并有兴趣了解的表述方式，进而实现一种更有效的传播、沟通和教育，实现自然教育的目标。

自然解说是进行自然教育的一种形式，通过运用解说媒介或手段，对自然生态进行介绍，包括自导式解说和向导式解说。

自然解说不同于传统的旅游导览，它是以自然保护为价值导向，以科学严谨为基本准则，以通俗和趣味为呈现形式，来解读专业的自然知识，传递自然保护理念。

## 二、为什么要自然解说

解说的目的是在听众和解说对象之间架起一座沟通的桥梁。通过解说，能让听众结合个人的经验，理解解说对象。解说的倡导者比尔·邓迈尔（Bill Dunmire）认为，解说最大的贡献就是"发现了一种新的方法，使游客在我们解说的时候不再是观众，而是参与者"。

自然解说，能够帮助公众理解自然现象及其运作规律，培养其环境保护意识，进而支持当地管理部门所开展的各项工作，这是自然教育服务于自然保护工作的重要方法和途径。自然解说还能够激发公众对自然的兴趣，促进公众对自然知识的了解，鼓励公众参与到自然保护的行动中来，从而有助于达成"倡导人与自然和谐共生的关系"的自然教育目标。

## 三、如何开展自然解说

自然解说不是简单地告诉参与者有关当地的自然知识、人文历史等，而是引导参与者去理解自然现象背后的原理，了解自然与人的关系，进而用科学的思维和方法去面对和解决环境问题。因此，在设计解说内容和开展解说活动时，要有全局、系统的观念。

### (一) 解说六原则

1957年，被誉为"解说之父"的弗里曼·蒂尔登（Freeman Tilden）在采访了美国各地的国家公园并分析其解说情况后，出版了《解说我们的遗产》（《Interpreting Our Heritage》）一书。弗里曼在书中提出的解说六原则，至今仍然是解说领域的经典论述（Tilden, 1977）。

第一，任何解说如果没有和展示的物品有某种程度的关联，或者描述的内容没有和参观者的个人经历与特性相联系，这样的解说是没有生命力的。

第二，资讯并不等同于解说。解说建立在资讯的基础上，但两者是完全不同的。所有的解说都包含相关的资讯。

解说不是"见到什么说什么"，并非为了显示自己的"博学多识"，而是需要通过解说员对资讯加以整理内化，形成有意义的解说内容。

第三，解说是一门艺术，并且和其他的艺术形式相关联，无论展示的主题是科学、历史还是建筑。任何艺术在某种程度上都是可传递的。

这里的意思是说解说可以融入更多的有创意的技巧，如诗歌、音乐、情景再现等，让传达的概念更容易被公众所接受。

第四，解说的目的不只是传授知识，还重在激发兴趣。

来参加自然教育活动的人并不是单纯地来学习知识，而是为了得到更好的关于自然的体验。因此，在解说过程中，需要激发参与者进一步探索和自我学习的欲望，而非给予简单的事实。

第五，解说应该注重整体性、全面性，而非局部、细枝末节。

解说应该有主题性，而非一系列并不相关的事实的堆积。好的解说，能让参与者在回顾时可以用一句话概括出内容。

第六，对儿童（12岁以下）的解说并非是对成人解说的简化，而是要针对儿童的特点提供相应的策略。

儿童通常注意力不够集中，但好奇心强、敢于冒险。针对这类群体的解说，就应该提供更多的体验机会。

弗里曼认为,"解说应当最大程度地满足好奇心,丰富人的精神世界……通过解说,进而理解。通过理解,进而欣赏。通过欣赏,进而保护。"

### (二)如何让解说更成功

#### 1. 设计好需要停下的解说点

一般而言,一次1~1.5小时路程的导赏活动途中会停留并重点解说5~7个地方,对其余解说点的讲解则尽可能做到简明扼要。解说员需要清晰地知道每一次停留的目的,比如,在这个解说点停留是为了向参与者呈现哪些概念,所使用的解说方法能否恰如其分地解释这些概念?这些概念又是如何与讲解的主题相联系的?有时还可以设计一些"亮点"或者"高光时刻",提高参与者的兴趣。比如,某处有可以品尝花蜜的植物,某处有有毒的植物,某处有可以做叶子玩具的植物等。

#### 2. 吸引大多数人

一次讲解活动往往有多人参与,有时甚至达到数十人。当停下来开始解说时,解说员要确保每一个参与者既能看到自己,也能看到解说对象。如果解说的位置过于狭窄,可以让队伍中一半的人走过解说对象后,解说员回到解说对象的位置开始解说。这样就可以很自然地引导参与者站成一个弧形围绕着解说员和解说对象了。如果所有参与者需要站在同一个地方,为了让所有人都能看到解说对象、听到解说内容,可以让大家围成半圆形,第一排蹲下,第二排站立,再进行讲解。

#### 3. 学会利用意外的机会

户外解说的一大挑战是,出现解说主题之外的吸引参与者注意力的事物,比如,在讲解植物时,天上突然飞过一只猛禽。有经验的解说员即使不认识这只猛禽,也不会对此视而不见,反而会提醒参与者观看。猛禽翱翔的姿势也是很值得欣赏的。不要害怕偏离原本的解说主题,可以想办法把意外事件融入解说主题中。

#### 4. 勇于承认自己"不知道"

在解说的过程中,参与者会发现各种有趣的事物并希望解说员能够给予解释,比如,这是什么植物?这是什么昆虫?这是什么鸟?事实上,由于知识的局限性,解说员并不一定能一一解答这些问题。碰到自己不认识的物种,不能不懂装懂地说出一个自己也不确定的名字,应该大方地承认自己"不知道",并表示等自己查证之后再解答,或者提供一些线索,让提问者自己去寻找答案。此外,还可以向其他参与者寻求帮助,或者引导提问者去关注所发现物种的其他特征,都是不错的应对方法。

专心听自然解说的儿童们

**5. 提前准备道具**

解说不一定非要"说",有时借助一些道具可以让解说的内容更容易被理解、更具有吸引力。心理学研究显示,人们对看到的东西的记忆持久性比单纯听到的东西要长得多。因此,准备一些小道具可以让解说增色不少。在准备道具时,尽可能提供类型多样的道具,比如,视觉道具、听觉道具、嗅觉道具、味觉道具、触觉道具等。举个例子,在讲解一种植物的时候,如果这个季节只有叶子,那么可以提前准备该植物的花朵、果实等部位的图片,然后在讲解的时候展示给参与者,帮助他们理解。

**6. 善于运用提问**

在讲解的过程中,切忌一直讲述,应该要善于运用提问来调动参与者的积极性。我们通常使用的问题有以下几种类型。

①焦点型问题

焦点型问题询问具体的信息,鼓励观众参与,但是不能激发有创造性的思考。这类问题经常以"谁""什么"或者"哪里"为提问方式。例如,萤火虫幼虫吃什么?

②过程型问题

过程型问题能比焦点型问题获得更开放的回答。过程型问题要求人们通过思考、分析后给出综合信息，而非单一的答案或者描述。这类问题常用的提问方式有"这是什么意思？""如果这样的话，会发生什么？""为什么会这样？"等。例如，为什么萤火虫会发光？有不发光的萤火虫吗？

③评价型问题

评价型问题往往涉及参与者的价值评估、选择和判断。它给参与者提供了分享感受的机会。评价型问题往往以"你认为"的句式来提问。例如，对于从外地抓一些萤火虫到商场里放飞的做法，你认为是否合适？

④无需回答的问题

不是所有的提问都需要回答，如果你并不需要参与者回答你的问题，可以用设问句的形式。设问句具有参与性和强调性，可以帮助你强调某些重点内容。例如，如果有一天，这里的萤火虫因为人类的破坏而消失了，你会是什么心情？像这类问题并不需要回答，却能够引发参与者的思考。

### (三) 自然解说的4个环节

#### 1. 开头 —— 吸引注意力

从一开始就激发起参与者对解说主题的兴趣是很重要的，这是确保他们愿意继续跟随解说员活动的前提。通常来说，一个简短但出人意料的和解说主题相关的故事、重要的事实或者现象，甚至解说员本身与众不同的特点，都是激发参与者兴趣的好方法。比如，在介绍百岁兰时，可以以一个问题"世界上有没有不落叶的植物？"来开头，以激发参与者的好奇心。

#### 2. 过渡 —— 引起思考

在激发起参与者的兴趣之后，需要用一个简短的环节将话题自然而然地过渡到即将开始的主题上。还是以植物落叶为例，"为什么植物会落叶呢？"这样的提问就能让参与者在回顾已有知识的同时，渴望通过解说员的进一步讲解来获得答案。

#### 3. 主干 —— 亲身体验

这是整个解说活动的核心部分，通常也是耗时最长的部分。通过精心设计的停留点、体验活动和讲解内容，使参与者加深对解说主题的理解。在讲解的过程中，可以邀请参与者充分运用五感，通过听觉、触觉、视觉、嗅觉、味觉来多方面感受，以达到最佳的讲解效果。

### 4. 结束——分享启示

这一环节是经验丰富的自然教育者喜欢用的技巧,却容易被初学者忽略。在活动结束之前,鼓励参与者分享活动体会,让他们再一次回顾解说内容、重温解说经历,可以使参与者进一步加深对活动的印象,而非仅仅被动地接受知识。同时,自然教育者也可以从这一环节中更好地了解到本次解说活动是否达到了预设的教育目标。你可以通过提问的方式来引导参与者分享,比如,"刚才我们看到了哪些植物?""你了解到了植物的哪些智慧?""如果你是这些候鸟中的一员,会希望获得人类的什么帮助?"

### (四)善于运用有形资源和无形资源

有形资源指的是能够看得见和摸得着的资源,无形资源则指那些看不见摸不着的东西。比如一块石头,无论是花岗岩还是玄武岩,都属于有形资源。但如果有人告诉你,这是来自长城上的石头或者是来自柏林墙的石头,那么它所蕴含的意义则是无形资源。一个好的自然解说员,会有意识地把解说的有形资源和无形资源联系起来,启发参与者的深入思考。比如,在解说一块玄武岩时,可以从玄武岩的演化过程中延伸出其所在地在不同时代发生的重大历史事件、思想、文化、社会价值等内容,并使之与人类情感相联系。这就实现了有形资源——玄武岩与无形资源——由玄武岩延伸出来的其他信息的联系。

### (五)成为一名优秀的解说员

要想成为一名优秀的自然解说员,第一,要有热情,而这份热情源于自己对自然的热爱。第二,要用真诚的态度去讲解。第三,还需要掌握一定的解说技巧、拥有丰富的解说经验和扎实的知识储备。第四,善于抓住适当的时机进行解说。好的自然解说员并不是一直在单方面地讲解,而是能抓住时机,引导参与者自行观察与体验,并在适当的地点接触和理解解说对象。第五,应该尽量培养自己独特的解说风格,比如,解说逻辑、幽默感等。第六,还需要不断地练习、练习、再练习。每次实践后要及时复盘和总结,从参与者的反馈中获得改进建议,不断提高自己的解说能力。

# 第六节 自然保护行动

## 一、什么是自然保护行动

自然保护行动是指公众通过实际的行为，对自然环境和自然资源的保护作出贡献。如减少塑料制品使用、乘坐公共交通工具、垃圾分类、清洁海滩、保护野生动物栖息地、修建生态步道、进行环境保护宣传等，都是自然保护行动的范畴。

## 二、为什么需要自然保护行动

自然教育的最终目标，是促成人与自然和谐共生的关系。自然教育要依托自然资源来开展，而良好的、独特的自然资源可以通过自然教育的开展来得以保持，两者相互支持、相互成就。

唯有行动才能带来改变，自然教育就是要鼓励民众去产生对自然保护的意识和行动。这个行动可以是个人生活上减少对自然的破坏，转变观念，过上更低碳、环境友善的生活方式；也可以是个人更积极地参与一些自然保护行动。

## 三、如何开展自然保护行动

目前，一些自然教育机构和自然教育从业者开始有意识地设计和实施与自然保护相关的教育活动和自然保护行动。这些行动可以从以下几个方面入手：创建、营造生物的栖息环境，例如，为动植物营造生境、搭建动物巢穴；阻止自然生境的破坏行为，例如，清除入侵物种；解决生物面临的生存威胁，例如，防止鸟撞玻璃；直接行动改善生态环境，例如，清理山野、海岸的垃圾；基于民间公益力量的自然保护行动。

### （一）为动植物营造生境

人类在文明的发展过程中，大兴建筑、开辟道路、滥用资源，对环境造成了极大的破坏。环境被破坏后，众多生物丧失了适宜生长、居住的栖息环境，有的生物甚至因此遭到灭绝。

在自然保护类教育活动中，为野生动植物营造适合生存的空间，是目前开展较多的一种活动类型。这也是目前在保护领域中常使用的方法。

一般来说，若为本土的野生动植物营造生境，需要选取高大乔木、灌木和草本进行搭配，丰富其生境结构。在植物的选择上，要尽量挑选在四季都会开花的不同类型的本土植物，确保四季都可以看到不同植物的花和果实，特别是要注重补充鸟类的食源类植物、昆虫的蜜源类植物及寄生植物。在地理位置上，最好是选择有水源的地方，营造有坡度、有湿生植物和藻类等生长的池塘生态系统，满足不同动物的用水需求。池塘内的水生植物也尽量保持多样，这有利于增强水质的自净能力。在营造和维护生境的过程中，不使用农药和化肥，尽量使用垃圾堆肥等有机肥料进行土壤养护等。

建造昆虫旅馆，是一个不错的自然教育活动。它既能让参与者在动手实践的过程中了解动物学、生态学等知识，其实践成果还能保留下来成为动物的栖息场所，同时为参与者提供继续观察动物行为、了解相关知识的机会。建造昆虫旅馆的原理是针对不同动物（不仅仅是昆虫）的习性，挑选不同的材料，搭建不同的结构等为一种或多种动物提供栖息场所。例如，成簇的管状结构材料可以吸引蜂类，朽木便于天牛产卵，树皮为瓢虫提供越冬场所，枯枝落叶为蜘蛛和马陆提供了庇护所等。还有"本杰士堆"，就是人造灌木丛，把石块、木头堆放在一起，给野生动物提供休憩、藏匿、玩耍、取食的地方。

蝴蝶花园，是专门为蝴蝶营造的生境，主要是为其提供蜜源植物，以及产卵和幼虫生活的寄主植物。如马兜铃科植物能吸引红珠凤蝶、麝凤蝶产卵，柑橘类植物吸引达摩凤蝶、玉凤蝶、美凤蝶产卵，樟树吸引樟青凤蝶产卵等；而刺槐、苜蓿、油菜花等则能为蝴蝶成虫提供丰富的蜜源。这些不同植物的搭配，可以为蝴蝶在不同生活史阶段提供生活空间。

有自然教育机构尝试为萤火虫营造生境，期待能重现曾经夏夜萤火漫天飞舞的场景。但由于萤火虫对环境的要求较高，此类活动目前还是应该集中于维护好萤火虫的现有生境上。

为野生动物过马路提供特别通道，也可以看成是一种为野生动物营造生境的方式，但由于涉及的费用较高且对专业技术有要求，目前很难面向公众开展相关活动，但与此相关的动物路杀现象则是非常好的自然教育活动内容。

此外，科学合理地控制流浪猫、不捡拾刚出巢的幼鸟等宣传活动，也可以看成是在为动植物创造良好的生境。

## (二) 搭建动物巢穴

人类的许多行为影响甚至改变了某些物种的生活习性，其中，比较突出的例子之一就是家燕。

家燕广泛分布于中国，喜欢在屋檐下筑巢，自古以来就与人们的生活关系密切，在我国是一种重要的文化象征。但随着我国城市化进程的发展，原本适合家燕筑巢的中式建筑房檐等结构被高楼大厦的玻璃幕墙等结构所取代，现代建筑不再适合它们筑巢。再加上人们因各种原因捣毁燕子巢、大量使用农药等，导致家燕的数量不断下降。

针对这一状况，有自然教育机构研制出了人工家燕巢，并邀请和组织公众参与制作、安放、监测等工作。这类活动还经常与自然观察类活动结合开展，不仅为公众提供了很好的参与自然保护行动的机会，还为家燕提供了繁殖后代的场所。

除了搭建家燕巢外，还可以开展搭建其他鸟巢的活动。这需要活动组织者对鸟类生物学、鸟类行为学以及当地的生态环境等十分熟悉，并能正确地引导公众开展相关活动。

此外，受到国内外蝙蝠保护机构的启发，国内也有一些自然教育机构组织公众为蝙蝠制作或悬挂白天栖息的蝙蝠箱。

## (三) 清除入侵物种

物种入侵是指由于人类的活动，将某些动植物带到了原本不能自然扩散的区域，并在新的区域大规模繁殖，影响到该区域本土物种生存的一种现象。值得注意的是，入侵物种和外来物种不是相同的概念。入侵物种肯定是外来的物种，但外来物种并不一定会对本土物种造成威胁。一方面，很多外来物种由于不能适应当地的气候，无法形成大规模的种群，因此并不会对本地物种造成危害；另一方面，有的外来物种还能被合理利用，如土豆、西红柿等蔬菜都是很久以前从国外传入我国的，为我国的食品供给作出了重要贡献，不能算入侵物种。因此，一定要清楚地知道二者的关系，才能在开展活动时做到有的放矢、传播正确的知识和理念。在开展自然教育活动的过程中，通过清晰的讲解、有趣的活动，让公众了解入侵物种的概念，能够基本辨认当地的入侵物种，并根据实际情况采取合适的方式，对其进行清除，不仅能提高公众的环境保护意识，还有助于改善该区域的局部环境。

在开展这一类自然教育活动时，我们需要先了解入侵物种的生物学知识，如其生长习性，然后才能"对症下药"。最好请相关的专家一起参与，帮助大家选择适合的地方开展活动，讲解如何清除不同的外来入侵生物以及如何安全地处置这些入侵生物。比如，在福寿螺产卵的季节将卵集中清除，能有效地控制其种群数量；同时，需要把福寿螺的卵进行完全清除，确保其不会继续繁衍下去。在加拿大一枝黄花种子成熟前将其清除，也能防止它们的无序扩散。此外，利用公民科学家对入侵物种进行调查和监测，也是开展相关自然教育活动的方式之一。

在清除入侵物种活动前，需要确定清理的范围、处理的方案，以及参与的人数和相应的清理工具等，制订一个活动方案。活动前可以带大家先认识外来入侵种的特性、危害，甚至做一些自然观察，对入侵物种有更深入的了解和认识；活动中，需要讲解注意事项，发放清理工具和保护工具，如手套等；活动之后，大家可以一起来总结分享，激发大家对自然保护行动的热情。

### （四）防止鸟撞玻璃

鸟类尽管有着非凡的视力，但白天时，由于玻璃和眩光对其造成的视觉干扰，它们很难发现玻璃的存在，无法区分玻璃上反射的影像和真实的环境，会把反射影像误认为是安全的、可以穿越的通道，而导致其误撞玻璃，特别是在受惊吓或者威胁的时候更容易发生撞击玻璃的事件。在夜间，建筑物上玻璃装饰附近的光源也会让迁徙的鸟迷失方向，导致它们与玻璃发生撞击。大面积的玻璃和拐角处的玻璃是最容易发生鸟类撞击事件的地方。这些撞击，对鸟类来说大部分是致命的或者会留下严重的后遗症，影响其存活概率。

因此，设计防止鸟撞击玻璃的设施也是很好的自然教育手段。设计这些设施最重要的指导原则就是让鸟看清楚玻璃并避开它。通常的方法有如下几种。

①在室内安装窗帘或者百叶窗，使玻璃尽可能地不反光。如果角度正确，这些装饰不会影响室内的光线，也不会影响人们看窗外的风景，但对鸟却是至关重要的。

②尽量把放在窗户前面的植物移开，这样鸟就不会认为这里是个避难所或者食物来源了。应该把植物放在鸟从室外无法看到的地方。

③安装有花纹的玻璃，这样能减少反光区域。

④可以在窗户上增加一些装饰来减少反光。比如，张贴猛禽的图案或者其他装饰。

⑤安装类似汽车窗单边透明的薄膜，从内往外看能看到，从外往内看则是不透明的。

⑥在窗外安装遮阳伞或者遮阳布，既可以减少反光，也能节约能源。

⑦在外面靠近玻璃的地方安放有一定高度的绿色植物，鸟会把它当避难

所而停留，这样鸟在试图穿过玻璃之前，就先停在这些植被上，即使鸟再次起飞撞到玻璃，也会由于速度不够而免受伤害。

### （五）清理山野、海岸的垃圾

在自然教育活动过程中，我们需要留意一些力所能及、身体力行的环境保护行动，并有意识地在适当的时候，主动地安排和参与一些力所能及的环境保护行动，能给活动带来意想不到的影响和更好的效果，因为行胜于言是一个很好的例证。

自然教育活动的开展，通常是在自然中进行，无论是在城市公园还是山林郊野，都优先选择在自然环境原生态、景色怡人的地方开展。但是，现实生活中，这些地方也常常被游客丢弃了许多生活垃圾。如果在山野或海岸带开展自然观察等自然教育活动，在活动快结束的时候，可以根据情况，适当地安排一些捡拾垃圾的活动，让所有参加者身体力行地进行半个小时或1个小时的垃圾收集和清理工作。最后，把所有人捡拾的垃圾集中起来，一起分析这些都是什么垃圾，它们在自然环境中需要多久才能降解，它们从哪里来，为什么会留在这里，有什么办法可以彻底解决。

这种活动开展之前，需要提前做好准备，比如，足够的可重复利用的手套、大的垃圾袋等。在活动开始的时候，也让大家更深入地了解到垃圾对自然环境带来的影响，让大家理解到行动的意义和重要性。

### （六）基于民间公益力量的自然保护行动

随着自然教育活动频度、内容等不断提升和丰富，公众也开始希望参与到一些自然保护项目相关的体验式活动中去，这种社会需求在实践中也愈发明显。因此，可以将一些自然保护项目实施过程中的内容转化为公众可参与式的自然教育活动，同时，自然教育活动也可以作为自然保护项目发展的内驱动力，助力自然保护项目实现又好又快的发展。比如，北京市企业家环保基金会（简称SEE基金会）就把荒漠化防治自然教育作为荒漠化防治重要策略之一，2019年重点打造了《阿拉善SEE荒漠化防治自然教育总体规划》，以期在有效遏制荒漠化、保护和改善生态环境的同时，将自然教育活动融入项目实施过程中，并向公众开放一定的参与通道，让公众身体力行参与项目，用实践去感知荒漠化、科普荒漠化，从而动员更多人用实际行动保护环境。

自然观察——我的植物朋友

躬行实践——草方格沙障制作

SEE基金会设计了"荒漠行动家"等自然教育活动。活动以阿拉善SEE公益治沙示范基地为核心场域，根据场域现地资源，开展基于项目属性的本土特色自然教育活动，让参与者更深入地了解荒漠环境的特殊性及荒漠化的成因、影响以及防治手段等。课程包含了两方面的内容：一方面是荒漠化及其成因。这部分内容作为整场活动的铺垫，采用室内展板讲解、视频播放等方式。另一方面是荒漠化影响及保护行动。这部分内容是整场活动的核心，活动会融合荒漠植物认知（我的植物朋友）、行动力（草方格沙障制作或沙生植物种植）等内容，激发参加者通过实地的切身体验，身体力行地参与一些城市人较少有机会参与的保护行动。

当然，和自然保护相关的活动并不局限于此，以上只是列举了部分目前正在开展的活动。这些活动具有一定的可复制性，可以结合实际情况在全国推广。由于参与自然教育活动的人群具有广泛性，自然保护工作仅依靠自然保护工作者来实施是不够的，它需要全民的支持与参与。这使得自然教育在唤醒更多人理解进而支持自然保护工作上具有重要的意义。在自然教育活动中，有意识地设计和自然保护有关的内容，能让参与者直接体验保护工作，提高保护意识，了解、理解进而支持保护事业。

开展自然教育的方法不胜枚举，本章仅仅列出了一些常见的实践方法供读者参考。除了实践方法外，还有很多自然教育的理念和理论知识，例如，项目式学习（project-based learning）、探究式学习（inquiry-based learning）等，本书并未提及或做过多讲解。这些理念和理论知识在常规教育体系、科学教育体系或者环境教育体系中，有众多的专著、论文等论述和解释。如果读者感兴趣的话，可以查阅相关资料。

我们相信，方法不是固定不变的。它作为一种工具，需要我们根据不同的教学目的、教育对象和教学情境灵活使用。最关键的，还是自然教育工作者对自然要有正确的理解和尊重，对参与者（特别是儿童）要有合适的引导和尊重。在此基础上，所设计和实施的活动才能到达最好的教育效果。

## 滇金丝猴

滇金丝猴是世界上栖息海拔高度最高的灵长类动物,仅在中国的云南和西藏高山针叶林有分布。除了人类的嘴唇是红颜色的,只有它们的嘴唇也是红颜色的。它们是人类的近亲。由于人类活动,它们现正受到栖息地缩小和分割的影响。

地点/云南白马雪山国家级自然保护区　　摄影/赖芸

第三章　常见的自然教育方法

# 北极熊

北极熊妈妈和两个宝宝在一起休息,与这白色的冰雪世界是这么的和谐。极昼的午夜时分,太阳还在天边打转,我们在冲锋舟上,被这一幕深深地打动。

地点/北极斯瓦尔巴群岛　　摄影/羽毛在自然圈

# 第四章

## 自然教育的课程设计
## Program Design in Nature Education

**王西敏（风入松）**
美国威斯康星大学史蒂文分校环境教育硕士
上海辰山植物园科普宣传部部长

　　《林间最后的小孩》《生命的进化》译者，著有《雨林飞羽——中国科学院西双版纳热带植物园鸟类》《神奇的植物王国》。先后获得中国科技馆发展基金会科技馆发展奖"辅导奖"、国际植物园保护联盟（BGCI）植物园教育奖、全国科普先进工作者等荣誉称号。

"　"
生活即教育。

第一节　课程设计理论
第二节　优质课程特征
第三节　课程设计流程

# 自然教育的课程设计
## Program Design in Nature Education

自然教育的课程设计是当前自然教育从业者面临的一大难题。特别是当前国内的自然教育从业者大多来自自然爱好者，缺乏专业的教育学背景和相应的学科知识。因此，本章与大家一起来探讨如何设计出更好的自然教育课程，具有重要的意义。

全国自然教育网络在连续几年的对全国自然教育行业的调查中发现，课程开发和建立课程体系一直是大多数自然教育机构的首要任务。虽然并不是所有的教育过程都发生于"课程"之中，但对于自然教育来说，课程设计是至关重要的环节。

"课程"一词，即英文"program"的翻译，是指有清楚的目标定义、过程方法记录，可重复、可评估的教育活动计划。在自然教育的推广过程中，课程有时也被称为"课程体系""系列课程""策划案""方案"等。

与"课程"较易混淆的是"活动"（英文"activity"）一词。活动可以设定具体的过程目标，其过程也可重复，但单个活动无法达到整体、系统性的教育目标，或无法评估是否达成产出目标。通常一个课程由若干个活动组成，而活动是不可再分解的教学单元。

周儒先生在《自然是最好的学校——台湾环境教育实践》一书中，对比了方案（课程）与活动的概念（周儒，2013）。

方案：在学校教育中指"教学计划""一系列规划好的教育课程"等。它指的是有步骤地安排现有的与未来可用的资源、人力、组织，并有系统规划的理念与目标；事前有相关调查研究作为基础，发展策略通常以一系列不同的活动来应对解决问题或未满足的需求，并在执行过程与事后进行评估，以了解各要素间的影响与效果。

活动：在教育领域中指一般的"教学活动"，如讲授、游戏、讨论等，在游憩规划中则可以"行程"表示。它指的是单一的、偏重个体的、现有可用资源的设计、演练执行和评估，以达到特定目标。

自然教育本质上也是一种教育，只是更多地依托自然资源开展，因此，自然教育和正式的学校教育在教学理论上有着诸多的相通之处。本章首先介绍了自然教育课程设计的主要理论，为如何设计有针对性的自然教育课程提供宏观意义上的指导。其次，分别介绍了美国威斯康星州、北美环境教育协会、中国台湾环境学习中心所倡导的优质环境教育课程的特点，并对我国自然教育课程应该具备的特征提出建议。最后，梳理了设计自然教育课程的流程。希望这些内容对自然教育从业者有所启发。

# 第一节 课程设计理论

如果希望设计出富有成效的自然教育课程,就需要对"人(特别是儿童)是如何学习的"这一问题有深入的了解。否则,自然教育很容易陷入"讲的人兴致勃勃,听的人却索然寡味"的状态,或者"看似活动组织得热热闹闹,但其实参与者的收获寥寥"的窘境。

本节首先介绍了几个在教育、心理及行为领域较为知名的理论。在了解这些理论的基础上,我们就能更好地理解如何设计自然教育课程以及为什么要如此设计课程。

## 一、认知发展理论

瑞士著名的教育心理学家让·皮亚杰(Jean Piaget)把儿童的认知发展分成了4个阶段,并指出在不同的发展阶段,儿童会表现不同的行为和学习模式。这一理论成为了解儿童心理的重要依据(Piaget, 1990)。

**1. 感知运动阶段(0~2岁)**

在这个阶段,儿童的主要认知结构是感知运动图式,儿童可以借助这种图式协调感知输入和动作反应,从而依靠动作去适应环境。通过这一阶段,儿童从一个仅仅具有反射行为的个体逐渐发展成为对其日常生活环境有初步了解的问题解决者。

**2. 前运算阶段(2~6岁)**

儿童将感知动作内化为表象,建立了符号功能,可凭借心理符号(主要是表象)进行思维活动,从而使思维有了质的飞跃。此时的儿童无法区别有生命和无生命的事物,常把人的意识动机、意向推广到无生命的事物上,也就是泛灵论。同时,儿童呈现出自我中心主义,只从自己的观点看待世界,难以认识他人的观点;不能理顺整体和部分的关系。此外,这一阶段的儿童还有思维的不可逆性和缺乏守恒的概念。

**3. 具体运算阶段(7~11岁)**

皮亚杰认为,该时期的心理操作着眼于抽象概念,属于运算性(逻辑性)的,但思维活动需要具体内容的支持。在本阶段内,儿童的认知结构由前运算阶段的表象图式演化为运算图式,其思维的主要特征包括:① 多维思维,儿童可以从多个维度对事物进行思考;② 思维的可逆性,这是守恒观念出现的关键（守恒，指儿童可以认识到客体在外形上发生了变化，但其特有的属性不变）；③ 去自我中心，儿童逐渐学会从别人的观点看问题；④ 具体逻辑推理，这一阶段儿童能凭借具体形象的支持进行逻辑推理。

**4. 形式运算阶段（12岁及以后）**

在这个时期，儿童的思维发展到抽象逻辑推理水平，和成人无异。

皮亚杰的儿童认知发展理论能让我们更好地理解儿童各成长阶段的思维和行为，避免用成人的视角来要求儿童。例如，处于前运算阶段的儿童往往具有"自我中心主义"的特征，常常被成人误以为"自私"而加以批判和干涉，这就属于成人对儿童认知的误读。

皮亚杰的儿童认知发展理论对自然教育课程设计的主要启发在于，要根据儿童在不同认知发展阶段的特征来设计相应的活动。当前，国内自然教育的主要受众恰恰是处于前运算阶段（2~6岁）和具体运算阶段（7~11岁）的儿童。因此，我们的课程设计也需要符合相应年龄阶段儿童的认知特点。比如，在面对2~6岁的儿童时，自然教育活动应该重感官体验、轻知识学习。带领自然教育活动不需要灌输太多的自然知识，而是让儿童去做五感体验，去听、去摸、去闻、去感受即可。面对7~11岁的儿童，自然教育课程需要注重通过具体的形象来帮助他们理解事物发展的规律，而非仅仅让其在课堂里学习抽象的概念。比如，在学习种子传播方式的时候，让儿童先在长满鬼针草的区域走上一个来回，然后让他们自己清理粘在裤子上的鬼针草种子，便会让儿童对鬼针草这类植物传播种子的方式印象深刻。同理，把蒲公英的种子吹向天空，看着种子们被风带向远方，一直是儿童乐此不疲的游戏，并是众多成人的美好童年回忆。面对具体运算阶段的儿童，自然教育者在引导的过程中，不能只停留在"这是什么？"这类简单的记忆认知层面，需要有意识地采用"为什么会这样？"的问题来加强儿童的逻辑推理能力。由于此时的儿童已经不再以自我为中心，这时候就需要用更多的方式加强其学会用他人的视角看待问题的能力，比如，设计需要共同完成任务的团队活动、加强讨论和分享的环节等。

## 二、社会文化理论

社会文化理论是由苏联心理学家维果茨基（L. S. Vygotsky）提出来的。该理论认为，人类的认知是一种复杂的社会现象，学习是现实世界中社会实践不可分割的一部分，学习与认知是基于活动的、情境的和文化的（Vygotsky, 1978）。

社会文化理论关注学习者与成人之间的交往活动，即如何通过合适的中介被内化为学习者自己的心理机能。也就是说，每一种心理机能在发展中会发生两次，首先是以集体的、社会的人际交往为形式，然后再以个体的、被内化的形式出现，人的中介就在此过程中发挥作用。在这个过程中，作为中介的语言成为学习者思考与认知的工具，学习者凭借语言与他人相互作用，进行文化与思想的交流；同时，学习者在与他人的对话互动中，不断进行自我调节和反思，从而内化了外在的知识。对话是人类利用语言进行沟通的基本形式，也是实现相互理解与意义建构的基本途径。

大量实证研究表明，非正式环境内多元化的参观，为观众提供了重要的学习途径。对非正式学习场所（如博物馆、植物园、动物园、海洋馆等）的参观，不仅仅是个人行为，更是一种社会活动，观众需要与同伴、其他观众以及场馆工作人员进行接触。社会成员之间的相互磋商有助于个体对自身经验进行检验和反思。在参观的过程中，观众与讲解员、同伴甚至陌生人进行交流，一方面能够满足个体的社会交流需要；另一方面，通过交流也能够加深参观者对参观事物的理解，实现知识共享。例如，在参观过程中，家长和儿童针对某个展品展开对话，在回忆、获得和储存有用知识的同时，将个人情绪、想象、体验等理性和非理性因素融入其中，并通过感受、判断和推理，逐渐确立和深化对展品的认识与理解。在这个过程中，家长作为更富有知识的成人，通过解释、提问和讨论等形式，引导儿童对展品进行观察和思考，共同实现对新知识的建构。

有研究者在社会文化理论的基础上提出"情境学习模型"(contextual model of learning)，将场馆学习理解为个人、物理、社会文化3个情境的交互作用（Falk和Dierking, 2000）。这种交互是随着时间而持续变化的，每个情境中又包含了若干影响因素，即个体情境（参观动机与期望、先前知识、先前经验、兴趣、选择与控制）、物理情境（先行组织者、对物理空间的导引、建筑和大尺度的空间、展品和学习活动的设计、后续的强化和场馆外的经验）和社会情境（群体内的社会交往、群体内与群体外的交往）。

在自然教育的实践过程中，有些自然教育工作者受到传统教育模式的影响，仍旧采取"满堂灌"的方式向参与者传递各类知识。另外，由于很多自然教育从业者本身就是自然爱好者，对动植物比较熟悉，而大部分参与者由于缺乏相关的知识，在自然条件较好的环境中看到任何感兴趣的物种都会不自觉地询问："这是什么？"于是，这个自然教育活动成为动植物辨识课程。社会文化理论显示，儿童和成人间的对话如果仅仅停留在"这是什么"的问答层面，显然是低效的学习。教育不是教师向学生单向地传输信息的过程。既然儿童需要通过和成人的对话进行学习，那么如何设计富有成效的对话来加强学习效果，则是自然教育工作者需要着重考虑的内容。

社会文化理论及在其基础上发展出的"情境学习模式"，有利于自然教育从业者在设计课程时关注对学习氛围的营造，避免把自己塑造成一个"万物通"，而忽略了对参与者学习效果的重视。

## 三、计划行为理论

计划行为理论是由美国心理学家伊塞克·艾奇森（Icek Ajzen）等人提出，能帮助我们理解人是如何改变自己的行为模式（Ajzen 和 Fishbein, 1980）。

该理论认为，人的行为意愿主要受以下3个要素的影响。

### 1. 态度（attitude）

态度是指个人对该项行为所持有的正面或负面的感觉，这种感觉能决定他是否会做出相应的行为。举个例子，某人如果非常认同塑料垃圾对环境造成的破坏或者认为用塑料制品装热饮料不健康，那么他会在生活中会减少使用塑料制品的行为，比如，去星巴克喝咖啡时尽量自带杯子。反之，则不会。

### 2. 主观规范（subjective norm）

主观规范是指个人对于是否采取某项特定行为所感受到的社会压力或动力。比如，某人和朋友们去星巴克喝咖啡，发现朋友们都自带了杯子，那么，以后在和同一批人去星巴克喝咖啡的时候，他往往也倾向于自带杯子，避免在朋友圈里出现行为"不够环保"的印象和压力。

### 3. 知觉行为控制（perceived behavioral control）

知觉行为控制是指个人对要采取某种行为所需要资源的判断，这种资源包括时间、精力、金钱等，这种判断对是否采取某种行为有着非常重要的影响。通常来说，当个人觉得自己所拥有的资源和机会越多、所碰到的困难越少时，他对行为的知觉控制就越强，也就越倾向于采取某种特定的行为。还是以在星巴克喝咖啡是否自带杯子为例。因为星巴克推出了自带杯子可以减少部分费用的优惠措施，对价格优惠比较看重的人就会有意识地自带杯子。此外，由于自带咖啡杯体积较小，随身携带不会增加过多的负担，愿意自带杯子的人数也会增加。

态度、主观规范和知觉行为控制都能通过增强行为意愿（behavior intention），来增强采取实际行动的可能性，但知觉行为控制对实际行为的影响更强，往往能直接预测行为（图4-1）。

简而言之，当个人对于某项行为的态度越正面时，他采取该行为的意愿则越强；当他对于某项行为的主观规范越正面时，采取该行为意愿也会越强；而当其态度与主观规范越正向且知觉行为控制越强的话，则其个人的行为意愿也会越强。

这个理论最重要的发现是，"知识"在改变人的行为上没有人们想象中的那么重要。长期以来，人们都认为知识的传播是面向公众教育的重要内容，认为公众一旦知道了正确的知识，就会采取正确的行动。但计划行为理论以及之后的很多研究都发现，我们可能高估了知识在改变人们行为上的影响力。其中较为熟悉的例子是，人们都知道"吸烟有害健康"，但世界上仍然存在大量的烟民。因此，计划行为理论被大量地运用于公共卫生领域的行为干预中，如减少吸烟、减少酗酒、安全性行为等。

计划行为理论对设计自然教育课程也有着重要的启示。自然教育的最终目标，是促进人与自然和谐共生的关系。那么，如何通过活动增强公众对自然的正面态度、营造爱护自然的氛围，并让公众觉得自己能够为自然出一分力而获得更多的成就感，而非一味地灌输自然科学知识，是我们在设计自然教育课程时需要着重考虑的问题。

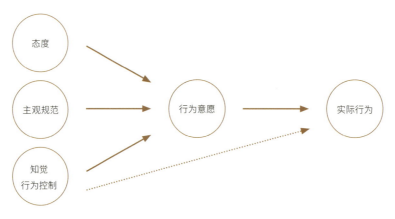

图4-1 计划行为理论结构模型图

### 四、布鲁姆教育目标分类学

布鲁姆教育目标分类学是美国教育心理学家本杰明·布鲁姆（B. S. Bloom）所提出的一种分类法。它将教育者的教学目标进行了分类，以便更有效地达成各个目标（Bloom, 1956）。

根据布鲁姆的理论(图4-2),认知发展的第一阶段是知识(knowledge)阶段,基本就是记忆、回顾、背诵。这一阶段是较为容易评估的,但记忆了内容并不等于真的了解了内容。第二阶段是理解(comprehension)阶段,学习者能够用自己的语言,将所学的东西复述、总结出来,并能够解释其原因。第三阶段是应用(application)阶段,学习者能够将所学的内容变成一种能力运用到生活中,解决新问题、处理新情况,类似于我们常说的"举一反三"。第四阶段是分析(analysis)阶段,指学习者能够将不同的知识建立起联系,就某一部分问题进行逻辑的推理和演绎,分析这些不同部分之间的关系,并能够更好地理解这部分问题。第五阶段为综合(synthesis)阶段,学习者能够分类、归总、设计和创新,将部分知识重新组创成一个整体。到了第六阶段,即评价(evaluation)阶段,学习者能从纷繁复杂的系统中找出最有效、最起作用的部分。制定评估标准是评价阶段的关键之一。这个评估标准是理性的、深刻的,对事物本质的价值能够作出有说服力的判断,而不是凭借直观的感受或观察到的现象作出评判。这个评估标准还应该综合内部与外部的资料、信息,作出符合客观事实的评估。

第一阶段到第三阶段的3个阶段被统称为"低阶思维技能",从第四阶段到第六阶段的3个阶段被相应地称为"高阶思维技能"。

布鲁姆教育目标分类学在自然教育课程中的意义在于,可以根据其6种思维技能的分类标准逐步培养儿童的思维能力。以主题为食虫植物的自然教育课程为例。在最初阶段,儿童可以通过观察活体植物或者图片,对5类食虫植物,如瓶子草、茅膏菜、猪笼草、捕虫堇、狸藻,进行认知。到了第二阶段,则可以让儿童分别描述食虫植物的特征,了解自然界中食虫植物的产生以及它们与缺乏磷、氮的生存环境的关系。在应用阶段,则需要有意识地鼓

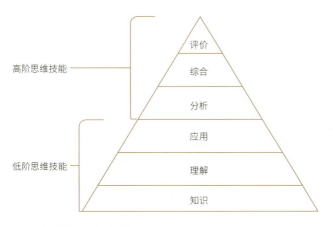

图4-2 布鲁姆教育目标分类学

励他们对所学的知识做进一步的理解。此时，可以采取抛出问题，让儿童自己寻找答案的方式。比如，问他们："食虫植物演化出了捕虫的技能，是为了应对原生环境中缺乏磷和氮的问题。那么，如果在温室中培养食虫植物，还需要人为地给它们喂食昆虫吗？"儿童如果理解了食虫植物的性状特点是受环境影响的，就能够判断出在人工环境下只需要为食虫植物提供磷和氮即可，并不一定需要喂食昆虫。在分析阶段，可以通过不同的知识点来训练儿童的逻辑推理能力。例如，在展示食虫植物的花朵时，提醒儿童注意观察并思考："为什么食虫植物开的花要离开主茎很远的位置？"还可以通过讲故事的方式来引导他们。比如，先告知儿童有一种加长型莱佛士猪笼草既没有鲜艳的色彩，也不分泌任何昆虫喜爱的蜜汁，不散发诱人的气味，并且它的消化液也很少，但科学家无意中发现，有一种蝙蝠喜欢在白天的时候待在这种猪笼草里。然后，让他们想象一下猪笼草和蝙蝠的关系：蝙蝠把这种猪笼草作为白天休息的场所，而作为回报，蝙蝠则把粪便拉在猪笼草里作为营养。第五阶段——综合阶段，当儿童有了食虫植物的各种综合信息后，可以让他们尝试绘制一幅以食虫植物为主线的生态系统图（包括食虫植物生存环境的特点，它们与捕食昆虫、传粉昆虫或者其他动物之间的关系等）。到了第六阶段，可以启发儿童思考人和自然的关系，以及人类如何更好地和自然和谐共存。

**五、相关的教育理论**

和教育相关的理论非常多，例如，美国教育学家杜威（L. Dewey）的经验学习理论、哈佛大学教授霍华德·加德纳（Howard Gardner）的多元智能理论、马斯洛（Maslow）的需求层次理论、社会建构论等，以及培养创造性思维、批判性思维和系统性思维的理论，还有体验式教育等。我们鼓励自然教育从业者去深入了解这些与教育、心理、行为相关的理论，以便能够更好地进行课程设计。

需要指出的是，由于自然教育本身出现的时间较短，又是在我国特定的语境下发展起来的，目前国内学术界还没有产生较有影响力的自然教育理论成果。我们也希望未来有更多的学者能够重视自然教育这一在中国独特土壤下发生、发展起来的社会现象，产出更多对自然教育实践有指导意义的理论成果。

# 第二节 优质课程特征

好的自然教育课程应该有什么样的特质呢？本节将先对美国威斯康星州、北美环境教育协会以及中国台湾环境学习中心的课程做一些简单的介绍，再根据国内的实践经验，提出中国自然教育课程应该具备的特点。需要指出的是，由于环境教育在国际上已经有了多年的发展经验，诸多的论著和研究也都是针对环境教育而言的，因此，为了尊重原文，在本节中引用时，笔者仍旧采用"环境教育"这一说法。

## 一、威斯康星州的优质环境教育课程特征

美国威斯康星州作为"地球日"的发源地，在开展环境教育方面有着丰富的经验。威斯康星大学斯蒂芬角校区（University of Wisconsin－Stevens Point）自然资源学院是美国培养环境教育一线实践人才的"重镇"，每年都有大量毕业自该学院的本科学生及硕士研究生前往美国的国家公园、自然中心、野生动物保护区、环境保护类非政府组织等从事环境教育工作。由该校老师撰写的《环境教育课程规划》（《A Guide to Curriculum Planning in Environmental Education》）（Engleson和Yockers, 1994）一书认为，理想的环境教育课程应该具有以下9个方面的特征。

① 以学习者为中心。不同年龄段的人有不同的认知水平和学习模式，环境教育应该尽可能地考虑到学习者的特点，设计出与之符合的课程。

② 具有综合性。环境教育课程应该充分考虑到自然景观、人造景观、技术以及社会环境中的经济、政治、文化、伦理、美学之间的关系。不能让环境教育仅仅停留在环境知识的介绍上。

③ 以全球为导向。环境教育并非只关注地球的生态系统健康，还包括人在环境中的作用。环境教育的最终目的，是让人在更好的环境中生活和发展。因此，更需要全球性的思维。

④ 以未来为导向。环境教育并非只关注当前生活在地球上的人，也包括未来地球上的居民，应鼓励参与者思考如何为未来创造更好的环境。

⑤ 以议题为导向。环境问题往往综合了环境、经济、文化等多方面的因素，既有地方性的，也有全国性的乃至世界性的议题。这些都值得环境教育关注。

⑥ 以行动为导向。了解环境知识的目的是为了更好地采取行动来改善环境。环境教育课程应鼓励参与者通过行动直接参与解决环境问题的过程，例如，减少一次性物品的使用、使用公共交通工具、帮助恢复野生动植物生境等。

⑦ 持续性。环境教育是终身教育，应该鼓励各年龄段的公众参与。

⑧ 跨学科性。从各个不同学科中整理相关的内容，特别是与学校课程的结合，例如，语言能力学习、艺术素养培养、自然知识的掌握、社会经验的积累等。

⑨ 以经验为导向。在多样化的学习环境和指导方法中，尽可能地鼓励学生直接参与体验。

## 二、北美环境教育协会（NAAEE）的优质课程评价标准

北美环境教育协会（North America Association for Environmental Education, NAAEE）是美国及加拿大规模最大、最具影响力的环境教育协会，在国际上也具有相当大的知名度。这个机构每年都会组织各种类型的环境教育研讨会、培训班、工作坊等，其中最负盛名的莫过于北美环境教育协会年会。该会议每年都会吸引来自世界各地的上千名参会者。截至2020年，该年会已经举办了49届，堪称国际环境教育领域的一大盛事。

北美环境教育协会每年都会出版大量的环境教育类书籍和报告。其在《优质环境教育教材指南》（《Environmental Education Materials: Guidelines for Excellence》）一书中，提出了优质课程的评价标准。下面笔者将对这些评价标准给予简单的介绍。

① 公平与正确。环境教育课程应该客观地描述环境议题，呈现事实及多方的观点，不能刻意地忽略不同意见。这种平衡呈现多方观点的方式，让参与者重新反思、澄清个人的价值观，鼓励他们去了解不同的意见，最终形成自己的观点，要包容不同的文化、种族、性别、社会团体、年龄等差异。

② 深度。环境教育课程应该针对不同年龄的人群分别进行设计，培养包括意识、概念、对议题的理解，以及态度、情感、价值观等。因此，环境教育既可能是由内向外的（从内心激发行动），也可能是由外向内的（通过了解而增加认同）。环境教育课程不仅仅是呈现环境的现象及事实，更要把环境的概念融入人类的社会生活、经济发展和生态保护中。

③ 强调建立技能。环境教育是终身学习的过程，因此，应该注重批判性和创造性的思维，学会通过搜集资料和科学的调查，决定如何行动，而非盲从他人或者"权威"。

④ 行动导向。环境教育注重促进公民的责任感，鼓励通过意识的提升、知识的学习、改变态度、提高技能，最终采取行动来改善环境。

⑤ 教学的健全性。鼓励采用多元的方式，创造有效的学习环境。尊重学习者的兴趣和能力，为不同的学习者提供不同的学习机会。

⑥ 可使用性。环境教育的整体架构应该清晰明了，内容有吸引力且易于操作，并可根据使用者和使用场所的不同而进行改编。为了符合教学需求，课程开展时需要提供额外的指导。

### 三、中国台湾环境学习中心优质课程的特征

周儒等人（2013）在针对中国台湾环境学习中心课程特征的研究中，提出了优质的环境学习中心课程应该具有如下特点。

① 重启发而非教导、强调互动而非单向的灌输、协助参与者获得亲身的体验。

② 能反映出对环境的关怀及当地资源的特色。

③ 课程的目的在于协助参与者发展环境感知、学习环境知识、培养环境伦理、熟悉行动技能，甚至获得环境行动经验。

④ 应针对不同的参与者，经常性地提供适应不同对象的环境教育内容。

⑤ 应能推出新的学习内容，以吸引参与者回流、持续运用中心的服务。

⑥ 学习和活动能弥补学校内环境教学的不足，并协助达成各学科课程的学习目标。

⑦ 通过设计或安排，使活动方案及设施的使用者能在此体验与履行对环境友好及可持续发展的承诺。

### 四、中国优质自然教育课程

在第一章中我们了解到，世界范围内环境教育的发展对中国自然教育的产生和发展有着重要的影响。因此，当前中国自然教育具有的很多特点也是环境教育所关注的方面。然而，自然教育毕竟是中国社会发展到一定阶段的产物。在广泛吸收了前人经验的基础上，经过全国范围内大量的实践，自然教育课程也呈现出了一定的特殊面貌。笔者尝试将中国优质自然教育课程的特征做了如下归纳。

#### （一）趣味性

趣味性，或者说游戏精神，是自然教育的重要特征。好的自然教育课程善于把各种学习过程设计成有教育意义的游戏。比如，非常受欢迎的树叶拓

激发触觉的"盲行"活动在自然教育里广泛使用

印活动。这类活动通常是让参与者收集各种树叶，然后将树叶的背面染色后，拓印到画板或者画纸上，形成一个美丽的自然创作作品。随着此类活动的开展，染料不容易清洗等问题逐渐凸显，于是这类活动又演变出了其他的形式，如把植物叶片直接放在布料上敲打，利用植物本身的色素在布料上印出树叶的形状；或者直接采集各种不同颜色的落叶进行拼接，形成各类视觉冲击力极强的自然艺术品。改变我们的行为习惯、转换解决问题的思路，这些都是自然教育里增强趣味性的普遍做法。比如，"盲行"活动，则是把依靠视觉的步行转化成依靠触觉和听觉来判断方向和质感的活动。很多时候，自然教育导师也会把自然知识或者生态知识设计到游戏中，让参与者通过游戏来了解和理解这些知识，比如，"蝙蝠与飞蛾"的活动就是把"蝙蝠如何通过超声波来判断飞蛾的方位进行捕食"的知识点设计成游戏的形式，让参加者角色扮演蝙蝠与飞蛾，亲身体验了一下彼此之间的关系。

### （二）参与感

好的自然教育课程应该脱离传统的说教式教学，在活动的过程中注重鼓励儿童的参与式学习，充分调动儿童的好奇心，为儿童提供参与探索的机

孩子们的稻草人卫士

会，使他们学会发现问题并尝试自己寻找答案，通过体验来获取对自然的第一手经验。无论是调动五感来感受自然，还是动手去搭建树屋、昆虫旅馆，乃至攀树、以割稻子为代表的农事体验、建设社区菜园和校园小花园等，都强调儿童要亲身参与其中。提高参与感，这对成年人也适用。

### （三）在地化

自然教育之所以能够在短时间内被大众所接受，在地化或者称地方感具有很重要的作用。公众第一次发现，原来自然体验离自己这么近，欣赏森林不需要去热带雨林，观察猛禽也不必去大草原。从家门口小区里的绿地到校园里的植被，再到身边不经意飞过的鸟和昆虫，都有着独特的名字和神奇的生态故事。除了家门口的自然外，还有"菜市场里的自然教育"等活动。

在地化的自然教育课程充分反映了当地的动植物、生态、历史、文化等特征，建立了人与地方的联结，让自然教育变得更加亲切，触手可及。因此，自然教育的蓬勃生命力是建立在对身边物种认知和感觉的基础上的。当然，在对身边的物种有了了解之后，参与远途的自然教育体验活动也是当前自然教育的一个分支。但自然教育类的长途远游也非常强调对当地物种、文化、

农地上的自然教育

我们本来的食物

民俗的沉浸式体验,而非走马观花地到此一游。以深圳为例,可以开展"探访深圳市树与市花""深圳明星鸟——黑脸琵鹭""深圳神奇的红树林"等在地特色课程。

### (四)正面情绪

2016年10月,阿里巴巴公益基金会发起"自然之歌创作大赛",邀请热爱美好大自然的网友,以自然为主题,改编由高晓松创作的歌曲《生活不止眼前的苟且》的歌词,创作《自然之歌》,并将最终获胜的改编作品作为第三届全国自然教育论坛的主题曲。在获胜作品中,有这么一段歌词:

蚂蚁行军荒原,蜻蜓巡视湖边;
蝴蝶幻化落叶,偶遇蟑卵挂笑脸;
无花果里蜂缠绵,捕蝇草令谁身陷;
螳螂腹中铁线,锹甲挥一双巨钳;
萤火虫飞舞漫天,并非为人类表演;
鱼虾游弋的溪涧,如今看不清深浅。

在这段歌词中,有一系列常见的自然现象。从这样的歌词里我们可以看到,自然教育课程强调的是在自然中的正面而美好的态度和体验,而非负面的情绪和信息,这也是当前国内自然教育课程非常明显的特点。此外,自然教育机构不会因为雨、雪等天气而随意取消活动。因为在自然教育从业者看来,下雨、降雪都是正常的自然现象,我们要学会和自然和谐相处,就应该接受这些自然的安排,在做好防护、保证安全的前提下,开展与下雨、降雪等天气有关的活动。同样,走泥地、滚草坡、踩水坑、接触昆虫等现代人较为抗拒的生活体验,也往往是自然教育课程内容的一部分。

### (五)行为示范

优质的自然教育课程,不在于告诉参与者"这是什么",而更看重让参与者知道"该怎么做",这一点在自然观察类活动中显得尤其重要。自然观察的对象常常十分隐蔽,是想尽办法把其引诱出来,还是宁愿放弃观察不干扰其生活?在自然保护区碰到自己喜欢的昆虫或者石头,是带回家还是留在原地?无疑,后者才是自然教育课程应该传达的理念。在参与者理解了"人与自然"的关系的基础上,将他们进一步引导到"人与他人"的关系的思考中。如何对待和自己观点不同的小伙伴?如何解决自然教育活动中的争执和摩擦,是只坚持自己的意见,还是倾听别人的建议?优质的自然教育课程,更注重引导参与者更好地理解人与自然、人与他人的关系,最后获得自身的成长。

受自然教育影响，儿童与家长一起在周末参加红树林净滩捡垃圾活动

用生命影响生命

对于儿童来说，参与者往往同龄或者年龄相仿。在这种团队中，当他们遇到不会处理的问题时，便会观察、模仿同伴的动作和处理方法。比如，在儿童独立营活动中，第一次参加这类活动的6~7岁大的小姑娘会跟着室友学习如何梳头发、折叠衣服、整理床被等。在这种情况下，儿童的成长和进步会很快速。但是，如果营期里面有个别儿童喜欢野采、抓昆虫，甚至会和大家炫耀自己家里养了什么昆虫、蜘蛛，活动中也试图野采一些特别的昆虫、蜘蛛想带回去，一定要特别留意，因为其他儿童也有机会效仿他的做法。此时，需要特别的引导和处理，对野采的儿童，不能强制性地恐吓他，而需要谆谆善诱地进行劝导，把正确的观念友善地传递给他，并帮助他进行改正。比如，可以允许他将野采的蜘蛛带回营地，但需要强调的是带回营地观察和学习，而且还要他当着所有人的面承诺，之后会请蜘蛛回到原来的山林。在这过程中，一方面可以帮助这个儿童去更好地认识野采的行为本身不好，甚至违法；另一方面，也可以请他来分享他了解的这些物种的知识。之后，也可以正式地举行一场"蜘蛛告别仪式"，让这位野采的孩子和大家一起把捕捉的蜘蛛放回山林，并祝福这只蜘蛛可以一直繁衍下去。这样做，一来可以制止野采的行为，二来也可以慢慢引导，让野采的儿童比较舒服地接受并纠正自己的错误。

优质的自然教育课程还应注重教育意义。一个有自己特色的自然教育课程，一定会有课程本身的教育意义。有时候也不仅仅是行为的示范，还可以身体力行地真正去做一些力所能及的事情。比如，在活动中，自然教育导师可以随身携带一些垃圾袋，如果在活动的区域内偶然发现现场的垃圾比较多，可以把活动进行调整，安排一些清理垃圾的直接行动，对于参加者来说，这种直面环境问题并身体力行的影响会更有力量。

# 第三节 课程设计流程

当对自然教育的相关理论有了一定的了解，并对优质的自然教育课程有了明确的想法之后，就可以根据实际情况设计符合自己需求的自然教育课程了。

在设计课程的时候，可以从为什么（WHY）、有什么（WHAT）和怎么做（HOW）开始思考。

WHY："为什么"是指自然教育课程的目标是什么。

WHAT："有什么"是指掌握了什么样的资源和素材。

HOW："怎么做"是指采用什么样的方法才能最好地实现自然教育课程的目标。

以下我们将自然教育课程设计流程简化为8个步骤，大家可以根据实际情况进行调整。

## 一、了解资源

自然教育课程往往要依托一定的资源来开展。很多从业者简单地把资源理解成自然资源，这是不全面的。其实自然教育可以利用的资源并不仅仅是自然资源，还包括人文、艺术等资源。有时候，我们都没有意识到这些资源原来可以用在自然教育课程中，这就要求我们要时刻对各种资源进行盘点和系统地梳理。

在进行资源梳理时，可以如表4-1所示，制作简单的资源列表。

除了以上这些资源外，在开展自然教育活动的过程中还会用到一些其他的资源，比如，开展热身活动或总结时需要的平台、卫生设施、饮水设施、避雨场所等。此外，室内活动时使用的空间及设施也属于需要了解的资源。天气、季节、时间等也能成为资源。比如，冬季如果下雪，就很容易看到动物的脚印。

当然，资源和资源使用者有时候是分不开的。例如，在自然教育目的地的资源梳理盘点中，根据以往的调查数据列了很多植物或者鸟类资源，但是在执行团队中没有能够辨认该目的地的这些植物或者鸟类的人，那么即使有这样的自然资源也无法利用。

表4-1 资源列表举例

| 一级资源 | 二级资源 | | 三级资源 | |
|---|---|---|---|---|
| 动物 | (1) 鸟类<br>(2) 昆虫<br>(3) 两栖爬行<br>…… | | (1) 水鸟、林鸟或者候鸟、留鸟<br>(2) 蝴蝶、甲虫、萤火虫<br>(3) 青蛙和蛇类<br>…… | |
| 植物 | 开花植物<br>结果植物<br>叶形独特的植物<br>独特的树皮植物 | 有毒植物<br>有文化的植物（如《诗经》植物、二十四节气植物）<br>本地植物、外来物质和入侵植物<br>被动物利用的植物<br>…… | (1) 木棉<br>(2) 荔枝<br>(3) 蓖麻<br>(4) 白千层树 | (5) 海杧果<br>(6) 苋菜<br>(7) 薇甘菊<br>…… |
| 地质 | 岩石类型<br>化石<br>…… | | 沉积岩<br>火山岩<br>…… | |
| 人文 | 古道<br>民俗<br>古迹<br>传统建筑 | 方言或少数民族语言<br>…… | 南山古道<br>二月二龙抬头<br>古石灰窑<br>客家围屋 | 粤语<br>…… |

## 二、设立目标

参与了自然教育活动之后，参与者会有哪些方面的收获，这就是自然教育课程要实现的目标。这些目标可以是知识性的，比如，能够说出本地常见鸟类的名称、知道蝴蝶和蛾子的区别、了解樟树叶片的特征等；也可以是意识或态度方面的，比如，能够意识到农田是一个有很多物种生存的小型湿地生态系统、在萤火虫比较多的地方不应该建设人工光源或者使用杀虫剂等；也可以是具体行为层面的，比如，在户外活动时不乱丢垃圾、积极参与保护本土植物的宣传活动等。

在设计课程的时候，一定要时刻谨记一个关键词——目标！自然教育的核心是教育，是重建人与自然的联结、重建人和自然和谐关系的教育。著名教育学家陶行知曾说过："教育的目的，在于解决问题，所以不能解决问题的，不是真教育。"因此，要时刻提醒自己：我设计课程的目标是什么？

那么，在设计自然教育课程时，需要从哪些方面来制定目标呢？此处，可以参考国际公认的环境教育五大目标。

① 觉知（意识）目标。指对环境的觉知，比如，是否觉察到环境的状态或变化。

② 知识目标。指关于环境的知识，比如，了解某些环境状态或变化的前因后果。

③ 态度（价值观）目标。指对待环境的态度，比如，觉得应该支持或反对这些环境状态或变化的发生。在自然教育中，态度的目标是"尊重"。

④ 技能目标。指根据某种环境态度实施环境行为的技能，比如，觉得应该阻止某些环境变化之后，需要用到相关的一些技能（如批判性思考的能力、与他人合作的能力、解决问题的能力等）。

⑤ 行动目标。利用相关技能采取实际的环境行为；回归个人与生活，倡导友善地球的生活方式。

课程目标的设定，不只是课程设计者的事情，还需要兼顾各利益相关方的目标和要求。例如，在城市公园开展自然教育课程，课程组织者的目标要与提供场地的公园管理者、参与者、赞助商之间的目标协调一致。

以广东江门中华白海豚自然保护区的自然教育课程设计过程为例。课程委托方是保护区管理处，他们有较明确的行为目标，即保护区域内的水体环境和保护好目标物种中华白海豚。具体表现为，村民不往海中丢弃废弃的渔网（因为散落在海中的废弃渔网会缠绕中华白海豚或其他动物，对其造成伤害，重则导致其失去部分肉鳍从而丧失行动、捕食能力，甚至导致死亡），并且可以理解、支持保护区在相关海域、社区开展的保护工作，遵守保护区的管理规定。

该自然教育课程的授课对象是保护区管理处所在地的儿童。当地小学的校长同意笔者的课程进入学校课堂，同时也对笔者的课程有所要求：契合小学科学教育课程标准，作为学校课程的补充学习，填充学校下午开展的四点半课堂。

充分地沟通并了解以上情况后，在设计课程时，笔者将课程目标设定为以下几点。

① 觉知目标。让学生了解中华白海豚赖以生存的海洋生态系统与人类的联系，并让他们与中华白海豚建立联结，产生同理心。

② 知识目标。了解中华白海豚的物种知识及其习性和生活环境等。

③ 行为目标。引导友善海洋的多种行为。

这里有个问题是授课对象是学生，但是最终要影响的目标人群还有那些有出海需求的家长们。那么，在设计课程的时候，笔者不禁要思考：如何才能通过教学方法、流程、途径来实现这一课程目标。

为了达到最终的目标，笔者针对不同年级的学生，将其拆分成几个小目标，分阶段循序渐进地完成（图4-3）。

当然，并不是所有的自然教育课程都必须包含以上提到的全部目标，而是需要根据活动的主题、受众的特点等来设定相应的目标。例如，对低年级的儿童来说，课程目标可能偏重于对自然的五感体验和理解；对高年级的儿童来说，则希望他们能够通过动手和体验，达到态度和技能目标，最终养成环境友好行为，实现行动目标。

在大目标设定之后，不同活动环节还应该设有相应的小目标，以支持大目标的实现。同时，在设定目标时，可以根据SMART原则来衡量我们所设定的目标是否合理。SMART是5个英文单词（specific、measurable、achievable、relevant和time-bound）的首字母。

① 具体的（specific）。目标要非常明确，不能过于笼统或者模棱两可。比如说，不能笼统地说，参加过活动以后大家提高了对环境的保护意识，而要具体地说，参加过活动以后，大家减少了日常生活中一次性物品的使用、尽量乘坐公共交通工具等。

② 可测量的（measurable）。目标具有可衡量性，应该有明确的数据可以作为测量目标是否达到的依据。比如，一次植物园导赏活动，其目标可以设定为认识10种以上的植物、说出3种以上种子的传播方式或者能够识别花朵的结构特征等。

图4-3 《探秘中华白海豚》（教师手册）第2课中的课程设计

注：该图例摘自于冯抗抗、鄢默澍主编的《探秘中华白海豚》（教师手册）第二课《海豚来了》中的课程设计。

③ 可实现的（achievable）。目标应该是可以通过本次自然教育活动实现的，而不是设立一个看上去很高大上却无法实现的目标。比如，一次观鸟活动，让儿童了解身边10种常见的野生鸟类就是一个很好的目标，但如果换成本次观鸟活动可以让儿童了解本地的鸟类资源，这就显得过于夸大了。

④ 相关性的（relevant）。目标具有相关性是指实现此目标和开展自然教育活动有一定的关系。例如，我们的目标是让参与者了解"无痕山林"的基本准则，这类目标比较适合设定在一次户外徒步活动中，但不适合把它设为去参观一次自然博物馆的野生动物摄影展要达到的目标。

⑤ 有时间限定的（time-bound）。目标的设置需要有时间期限的限制。当然，对自然教育来说，实现目标的时间往往就是自然教育课程开展的时间，它可以是几个小时，也可以是数天甚至更长。根据时间的长短，需要设置相应难度的目标。通常来说，时间越长的活动，能够达到的目标则越多元和深入。

### 三、了解目标人群

目标人群，也就是参与者，其实和活动的目标是密不可分的。针对不同的目标人群，我们会设定程度不一样的目标，并在5个目标维度上有所侧重。同时，目标人群的年龄、受教育程度等特征也会影响课程的内容、难易程度、活动方式以及组织者希望通过自然教育所传递的信息等。

了解目标人群，能帮助我们在自然教育课程的设计过程中更加有针对性，也让我们在实际操作的时候更加有信心。一般来说，要考虑以下几个方面。

#### 1. 身份与角色

不同身份和角色的参与者，比如，社会人士和儿童，对活动有不同的期待。了解参与者的身份和角色可以帮助我们在设计课程时，选取符合其心理特征的活动形式和内容，制定相应的目标。如果参与者的"期待"和我们的课程目标有偏差，则可以告知参与者我们设计课程的初衷，让他们更好地理解和参与活动，从而达到更好的课程效果。

#### 2. 年龄

参与者的年龄，尤其是儿童的年龄尤为重要，这与人的认知发展水平有重要的关系。在设计课程时，要考虑不同年龄段的受众的认知能力、心理特征等，选择与其年龄段最相符的教学方法。

#### 3. 教育背景

不同教育背景的人往往有不同的认知水平。在开展活动时，要根据不同教育背景人群的理解能力、知识储备、兴趣等使用合适的语言、引导方式。

#### 4. 兴趣点

教育心理学和脑功能研究证明，儿童学习新东西是建立在自己已知事物的基础上的。因此，链接他们已知的兴趣点，可以更快地引起他们的关注和兴趣，从而使他们更快地进入活动氛围中。

#### 5. 户外经验

现在，许多在城市中长大的儿童，他们的户外经验可能超乎我们想象的少。笔者曾经一次在海边开展的活动中遇到过一位患有"恐沙症"的5岁小女孩。因为从来没有摸过沙子，所以在沙滩上时，她坚持穿鞋走在野餐垫上。她对沙子充满了恐惧。活动原计划是到达沙滩后，组织所有参与者到滩涂进行体验。但这位小女孩用了一个小时才和一位大人（不是她妈妈）建立了信任，最终愿意尝试性地摸一摸沙子。对未知事物的恐惧，是人类自我保护的潜意识。这种潜意识让我们在这个地球上存活下来，成为有影响力的物种。同时，这也是我们需要学习的能力，在自然中学习的能力。在设计课程的时候，不要高估参与者的户外经验。在遇到情况后要给予充分的理解、信任和合适的引导，这就是开展自然教育的意义所在。

在开发自然教育课程时，我们可能已经知道授课对象的具体情况并为之定制课程，也有可能是预先为某一类理想中的受众设计课程，再进行招募。因此，在具体的授课过程中，我们需要根据受众随时调整目标和方式。

### 四、规划时间

完成一次主题明确的自然教育课程大概需要多长时间，不仅作为组织者应该知道，课程的参与者也应该获知相关信息。由于课程是由不同的环节组成的，因此可以通过控制各个环节所用的时间来把握总体的时间。一般来说，一次完整的课程包括热身游戏、背景介绍、课程分组、开展课程、课程总结，有的还会增加课程评估环节。如果前面的环节所用的时间太长，就要考虑减少后面环节的课程时间，甚至减少课程的环节，以控制总体的课程时间。

如果课程对象是学生，那么自然教育课程一般会选在周末、寒暑假、法定节假日等时间举行，此时就要根据假期时间的长短来合理安排时间，考虑是设计数小时的课程，还是数天的课程。

### 五、选择地点

在设定目标、了解受众、确定活动时间等因素之后，就需要提前到活动地点踩点。在踩点的过程中，有3个方面的因素需要观察记录和梳理，即自然资源、场地设施、人类活动情况。

**1. 梳理活动区域的自然资源**

踩点时，要记录和梳理活动场地的自然资源。如何梳理自然资源，请参见第三节第一部分"了解资源"中的方法。

**2. 检查户外设施**

参加自然教育课程，对很多人来说是一次进行户外活动的机会。参与者期盼能有更多的时间在大自然中度过。因此，要尽量把活动地点安排在户外。如果有讲座这类必须在室内进行的环节，也应该尽量缩短时间或提前设计好活跃气氛的小游戏，尤其当参与者为低龄儿童的时候。在开展户外活动时，要提前考察场地是否足够大、是否存在安全隐患（如凸起的树枝或者有蛇类活动）、路程长度是否合适，还需要考虑蚊虫是否太多、天气是否合适（下雨或者暴晒）等问题。

①在活动场地中，选定一个有明显标志的集合点；探查交通设施是否便捷；检查是否有开展热身活动或总结时需要的空间等。

②场地中是否有适合行进的步道、可供参与者进行自然观察的区域、卫生设施、饮水设施、避雨场所等，都应在踩点时考虑到。

③除了以上提到的设施外，场地设施还包含人文设施，如古迹、传统建筑等。踩点时，一方面要留意管理部门对这些人文设施的保护条规，避免在活动时出现破坏古迹的行为；另一方面，要思考这些人文设施是否可以丰富课程内容，变成"教具"。

**3. 观察和记录人类活动情况**

第一种人类活动是长期的，例如，民俗、语言等；第二种人类活动是当下的，要提前考虑到开展自然教育活动的时候会不会有其他人类活动的影响。

一次，笔者在准备周末要在公园开展的自然教育课程时提前去活动场域踩点。结果，到了周末上午课程开始前，突然发现原计划用来进行开场活动的平台上有市民在跳广场舞。于是，不得不临时更换场地，并且即使离平台有点距离了，还是会被那里传来的音乐声影响。还有一次，踩点的时候，发现活动场地中有许多豆娘，这让大家兴奋不已。结果，活动的前一天，公园例行喷洒杀虫剂，等到开展活动的日子，没有看到豆娘，等来的只有"寂静的春天"。

其实，走进自然，就是需要尊重本来就生活在这里的"原居民"，既包括生活在这里的人，也包括此地的其他生物和非生物。

总之，在设计自然教育课程和开展自然教育活动之前，应该对各种资源、设施进行调查和梳理，以保证活动的顺利进行，更好地实现教育目标。同时，也要考虑到各种可能性和突发的状况，准备好备选方案和应对措施。

## 六、课程结构与教学方法

### (一) 课程结构

一个完整的自然教育课程包含导入、展开和总结3个部分。

课程导入可以消除紧张情绪，建立自然教育导师和参与者之间的信任与联系，唤起参与者参加活动的热情。通常在这一环节，会使用自然游戏。课程展开是教育活动的主体。此时应该积极鼓励参与者主动加入，并完成绝大部分的教育目标。课程总结是最容易被忽视的部分，但又十分重要。它不仅可以为参与者解答疑惑，还可以重申课程目标。一个完整的总结，应该包括参与者的总结与分享、集体讨论与分享，以及自然教育导师总结等几个部分。

### (二) 教学方法

#### 1. 体验式和传授式教学方法

自然教育课程主要有体验式和传授式两种不同的教学方法。体验式教学邀请参与者通过不同的形式去体验和尝试，然后引导他们充分思考和讨论，分享感想和收获，最终达到课程目标。在此过程中，参与者可以增加对间接经验的理解，并将其纳入自己专属的知识体系中。

传授式则多是用自然观察、自然解说等形式来开展。作为大自然的"译者"，自然教育导师将自己已有的知识、经验传授给参与者，让他们根据解说内容去体验和了解大自然，思考关系，从而实现教学目标。

用体验式和传授式这两种方式进行教学时，所设定的教学目标通常有不同的侧重点。体验式教学多通过觉知目标、态度目标促使行动目标的达成，传授式教学多通过知识目标、技能目标促使行动目标的达成，但二者最终都是为了引导友善地球的行动。对于课程设计者来说，应该依照最初设定的目标和自然教育导师的能力来选择合适的教学方法。

#### 2. 流水学习法

约瑟夫·克奈尔结合多年的户外教学经验，提出了一套自然教育方法，即流水学习法（约瑟夫·克奈尔，2013）。

"流水学习法"主要分为4个阶段：唤醒热忱、集中注意力、亲身体验和分享启示。它能够帮助学习者进入一种心流状态，即专注于某种行为，不断产生灵感，同时伴有高度的兴奋和充实感。流水学习法是目前自然教育课程特别是户外自然体验课程中常用的方法。

"流水学习法"的4个阶段如下。

第一阶段，唤醒热忱。首先要唤醒每个人因兴趣、敏感度而得来的一股宁静力量。这一阶段的特点是好玩而机敏。优点是基于儿童爱玩的天性，营造出热情的氛围，运用活力四射的开头提供指导和架构，让人人都无法拒绝参与，使人更加敏锐，克服被动情绪，集中注意力，充满活力，为后面更加感性的活动作铺垫。

第二阶段，集中注意力。这一阶段的特点是加强感受力。优点是扩大注意氛围，通过集中注意力来加深意识，积极引导第一阶段产生的热情，锻炼观察力，平静内心，加强感受力，为后阶段更为感性的体验做准备。

第三阶段，亲身体验。这一阶段的特点是全神贯注。个人探索是最好的学习方式。它为参与者提供体验式的、直观的理解，锻造敬畏感，推己及人的共同感以及爱的能力。

第四阶段，分享启示。这一阶段的特点是展现理想主义。优点是增强个人体验感受，使之更为清晰明确；引用模范，增强团队凝聚力；鼓励组员分享灵感与感受，为自然教育导师提供反馈。

按照流水学习法的节奏，可以帮助参与者由浅入深地体验和感受自然。

**3. "七步走"教学法**

世界自然基金会（WWF）中国环境教育项目在《我的野生动物朋友——旗舰物种环境教育课程》一书中，推荐了"七步走"教学法，也很有参考意义。"七步走"教学法的内容如下（雍怡，2019）。

① 引入。引入的目的是为了建立教育者和学习者之间的联系，调动氛围和情绪。此阶段多采用热身游戏、问答等方式进行。通常将时间控制在5~10分钟。

② 构建。借助图片、影像、实物等介绍课程涉及的基础知识和技术方法框架，并通过提问的方式来引导学习者理解内容，但不过多地展开和讨论。时间在10分钟左右。

③ 实践。设计一项供学习者参与的任务，通常以小组为单位开展，鼓励小组间成员的合作。实践环节的目的在于帮助学习者进一步理解和内化知识，激发自我思考，建立知识和现实环境问题的联系，并获得相关的技能方法。此环节通常是整个活动的重点，耗时较长，活动时间可由教育者视任务量而定。

④ 分享。学习者分享活动中的理解、反思或者质疑，教育者则进行适当的点评和建议。时间控制在10~20分钟。

⑤ 总结。主要由教育者引导，对整个课程进行回顾，重点是对核心知识和后续实践的强调，鼓励将学习内容转化成行动。耗时为5~10分钟。

⑥ 评估。评估可分成两种。一种是教学前或者教学过程中的形成性评估，用于帮助教育者了解学习者对课程的期待、学习者的知识和技能基础，以及在课程进行过程中学习者对课程内容的掌握情况。另一种是教学活动后的终结性评估，用于了解教学成效。

⑦ 拓展。课程学习之后如何进一步巩固和优化，通常需要在广度和深度上予以考虑。

无论是"体验式"教学方法、"传授式"教学方法、"流水学习法"，还是"七步走"教学法，都可以作为在设计自然教育课程和开展自然教育活动时参考和使用的流程模版，并根据自己的自然教育目标来填充不同的教学内容。

## 七、教具准备

若能够配置一定的教具，自然教育课程能更加生动，更吸引参与者的兴趣。例如，让儿童观察花朵或者昆虫时，为每个人准备一个放大镜会极大地提升他们的兴趣和体验感。在观察植物时，如果不是该植物开花和结果的季节，则可以事先准备一些相应的图片或模型。此外，有的自然教育机构还会在活动前为每位参与者准备一块木头片，用于制作名牌。参与者在木头片上写上自己的自然名并加以图画装饰，将其变为与其他参与者相互了解的渠道之一，甚至是作为某个活动中的教具（图4-4）。

图4-4 活动中的教具"自然名牌"

在准备教具时，最好事先列出教具清单和使用目的，以免产生遗漏或造成浪费。

## 八、成效评估

课程是否达到了预期的效果和目标，往往需要通过评估来衡量。很多人觉得评估是一件十分困难的事，需要专业人士才能做到，但其实这是对评估的一种误解。如果目标不是发表学术论文，那么完全可以通过多种多样的适合自己的方式来进行评估。

目前，常用的评估方式是"复盘"。比如，在活动结束之后，自然教育导师对整个流程进行回顾和点评。这里需要强调的是，"复盘"不是只讨论需要改进的地方，也要及时总结和肯定做得好的方面，强化优点也是确保活动取得成功的一个重要方面。

直接询问参与者也是一种很好的评估方法。这要求将其和课程目标结合起来。举个例子来说，如果这次课程的目标之一是让参与者了解10种常见的鸟类，那么课程结束后，请参与者回顾所看到的鸟种，既强化了记忆，又能看出参与者是否真的对观察到的鸟类有印象。这便完成了一个简单的课程成效评估。此外，还可以通过询问一些问题来判断课程效果，比如，"在活动中，你印象最深的事是什么？""你最不喜欢的事是什么？"

有些自然教育课程，比如自然记录、自然笔记、自然创作等，可以通过直接观察参与者的成果来评估课程是否达到了预期效果。

当然，如果希望获得更准确、更专业的评估结果，就需要采取系统的、专业的评估方法，比如，问卷调查、访谈等。

那么，成效评估，到底要评估什么？如何评估？评估之后又该做什么呢？

### (一) 评估内容

对自然教育课程进行成效评估，就是要看课程是否达到了既定目标。这里说的目标，指的是参与者在完成课程后能带走的最主要的和最核心的观点、思想。一个好的自然教育课程需要有明确的目标以及与目标相匹配的课程主题和执行方案。

**1. 评估课程目标是否清晰，是否与课程内容相匹配**

自然教育机构的使命决定了它在开设大部分自然教育课程时的目标和方向。例如，一家以儿童艺术为主要业务的机构，在设定自然教育课程的目标时，指向提升儿童的审美能力——这是大自然给我们的馈赠。如果是肩负着公众环境教育职能的自然保护区、自然保护地、国家公园等机构，那么环境教育的五大目标就是其开设自然教育课程所需要达到的目标。

**2. 评估课程主题是否明确，是否有正确的内容来支撑，是否与目标一致**

课程主题就是一堂课的向心力，统领课程要传递的内容。它还是一条主线，引导参与者从对课程对象、内容的未知到已知的探索过程。一个好的课程主题能抓住参与者的注意力，激发他们去深入理解和探索的兴趣。如果缺乏主题或者主题不清晰，教育活动的内容就容易冗沉分散、不聚焦，导致参与者接收的信息零散且混乱，无法很好地理解和感悟自然，当然也就不可能实现课程目标。

## （二）评估方法

采用什么评估方法要根据评估的内容来决定。比如，某个自然教育活动采用什么评估方法要根据评估的内容来决定。比如，某个自然教育课程的目标之一，是参与者能了解松鼠在种子传播过程中的作用（这属于知识方面的目标）。如果要评估这个目标是否达到，可以在活动前和活动后分别向参与者询问："你知道松鼠如何传播种子吗？"通过比较参与者在课程前后对该问题的回答，就可以初步评估课程目标是否实现。

再如，某个自然教育课程的目标之一是，提升参与者与他人合作的能力（这属于技能方面的目标）。如果要评估这个目标是否达到，用提问的方式就不合适了。此时，我们可以通过观察参与者在活动期间的行为变化来进行判断。

又比如，某个自然教育课程的目标之一是，培养参与者的环境友好行为（这属于行为方面的目标）。这类目标也最好采用观察行为变化的方式来进行评估。

上面提到的行为变化是短期易见的，因此可以通过直接观察的方式来进行评估。但有些行为无法直接在课程期间或课程结束后马上显现。这样的目标要评估起来就需要更加系统的方法。比如，在活动结束一段时间之后，对参与者进行问卷调查或访谈，然后通过调查或访谈内容来分析活动成效。

## （三）评估之后

评估本身不是目的，评估是为了改进和完善课程和活动，服务自然教育目标。因此，评估之后，需要根据评估结果对相应的自然教育课程进行调整和优化。

比如，通过评估发现某自然教育课程的知识目标完成情况不好，原因之一是参与者觉得活动比较枯燥，让他们在活动期间多次分散了注意力。针对这样的反馈，在接下来的课程中便要调整活动形式，增强趣味性和参与性，让参与者能专注于活动中。

## 中国雨蛙

中国雨蛙在繁殖季节常常攀附于绿色植被中,人们常常只闻其声不见其影,它们碧绿的身体,与周围的环境完美地融合在一起。

地点/福建龙栖山　　摄影/黑宝

# 第五章

## 如何成为自然教育导师
How to Become a Nature Educator

**王愉（蚂蚁）**
美国威斯康星大学史蒂文分校环境教育及解说硕士
云南在地自然教育中心负责人、全国自然教育网络"人才培养专业委员会"主席、
全国自然教育网络监事
　　多年从事环境教育、自然保护、社区能力建设等相关工作。

**赖芸（迁徙的鸟）**
厦门大学旅游管理专业
全国自然教育网络理事（第一任理事长），鸟兽虫木自然保育中心总干事
　　大学时代参与环境保护运动，毕业后在自然教育和环境保护领域工作二十年。
多次荣获福特汽车环保奖年度先锋奖。

> 自然教育带来改变的力量，帮助每个人向着更好的未来、更好的自己，构建人与自然和谐的社会而努力。

第一节　自然教育导师的定义与类型

第二节　自然教育导师应具备的能力

第三节　自然教育导师的成长路径

第四节　自然教育导师的培养体系

# 如何成为自然教育导师
## How to Become a Nature Educator

著名环保作家雷切尔·卡森（Rachel Carson）在其散文集《惊奇之心》中写道："一个孩子要保持他的惊奇之心，至少得有一个成年人的陪伴，后者能与他一起重新发现我们生活的这个世界的快乐、激动和神秘。"（雷切尔·卡森，2014）

陪伴儿童在自然中游玩探索、学习必要的野外生存技能的那个成年人，通常是父母、长辈或熟悉的亲友。而现在，自然教育导师也扮演了这个陪伴儿童在自然中探索、学习的成年人角色。

近年来，越来越多的年轻人迈入自然教育行业，成为自然教育导师，也有不少颇具社会经验的人转行，跨领域从事自然教育工作。除此之外，还有不少对自然教育感兴趣的教育工作者、自然爱好者或者全职妈妈，选择在本职工作之余成为自然教育的志愿者或兼职担任自然教育导师。自然教育导师不仅对自然教育活动参与者来说具有重要的意义，也是众多自然爱好者、自然教育爱好者和从业者的内在需求。

本章将结合自然教育机构人才培训的经验，及全国自然教育网络人才培养专业委员会在自然教育人才培养工作中的实践与思考，从自然教育导师的定义与类型，到自然教育导师应具备的能力、个人的成长路径以及培养体系4个方面探讨了如何成为一名自然教育导师，为行业伙伴提供参考（图5-1）。

图5-1 如何成为自然教育导师

# 第一节 自然教育导师的定义与类型

从当前自然教育活动实践来看，自然教育的从业者非常多元化，有自然教育机构的专职导师，有自然保护机构负责宣传教育工作的项目官员，有社工组织的伙伴，有户外活动的领队，还有自由职业者以及其他行业有志开展自然教育活动的社会人士。因自然教育活动涵盖范围比较广泛，中小学校的教师、幼儿园的老师、全职妈妈、心理咨询工作者及社区工作者也经常把"自然教育"应用在本职工作中。那么，他们都可以算作是自然教育导师吗？自然教育导师如何界定呢？有标准吗？有资质吗？哪里可以认证呢？这些都是经常被问到的问题。

本节列出了四个自然教育机构对自然教育导师的称谓和职责，帮助自然教育初入门者理解导师角色的特点和承担的任务，在此基础上给出了自然教育导师的定义；本节也在行业基础上列出了5种常见的自然教育导师类型。

虽然自然教育并非正规的学校教育，但自然教育本身具备教育的属性，自然教育导师需要从儿童教育和环境保护的角度去理解自然教育导师的素养和行为准则。

### 一、自然教育导师的定义

目前，中国自然教育行业还处于刚刚起步发展阶段，行业内外对自然教育导师还没有统一的称谓。有的机构把自然教育活动中的教育者称为自然导师，有的称为自然体验师、自然引导员、自然解说员等。而在植物园、动物园、博物馆这一类事业单位中，他们通常被称为"科普工作者"或"讲解员"。在事业单位中从事自然教育的工作者还面临一个问题，就是没有相应的工作职级及职称评定。因此，大多数的参与者将其尊称为老师，也有一些研学旅行活动的参与者称为导游、领队。

以下是几个开展自然教育活动时间比较长的自然教育机构对"自然教育导师"的不同称呼和描述。

## 自然之友·盖娅自然学校 —— 自然体验师

什么是"自然体验师"?

TA 不像老师,更像舞者,大自然是最美的舞台;

TA 说得少,做得多,用自己独特的舞姿吸引更多人走向自然的怀抱;

TA 和伙伴们一起,无论年龄大小,学习自然的天书,体会生命的伟大;

TA 不仅关注大自然带来的心灵感受,而且和伙伴们一起揭示生命的内在联系,特别是人与自然之间紧密联系的领悟。

TA 是自然之"友",是倡导者,更是行动者,引领者,你也可以成为一名"自然体验师"!

(摘自自然之友第四期"自然体验师"培训招生简章,2012年9月)

## 在地自然 —— 自然导师

"自然导师"是在地自然在自然教育课程和体验活动中对引导老师的一个通称。在地自然使用这个称呼包含了全职的带领活动的人员,也包含了部分兼职或不领薪带领活动的人员。作为一个通称,自然导师没有分级或职级的高低。在具体的活动当中,会使用不同的岗位称呼来表示不同的职责和任务。

(摘自在地自然"自然导师培养计划"第一期招募信息,2013年10月。)

## 鸟兽虫木自然保育中心 —— 自然解说员

鸟兽虫木自然保育中心以培养优秀的自然解说员为目标。该机构认为,自然解说员是联结大自然与公众的桥梁,他们带领大家走进自然,以有趣的形式,开展以自然观察、自然解说为主的自然教育活动,传递自然的精彩与奥秘,并引导公众亲近自然,了解自然,从而产生保护自然的意识和行动。

(由与鸟兽虫木自然保育中心总干事的访谈整理而来。)

**绿色营——自然解说员、自然导师**

2007年，绿色营转型开始培养大学生成为自然解说员，在台湾荒野基金会徐仁修老师的支持下，每年暑假面向全国高校大学生，举办自然解说员培训。同时，绿色营在面向成人举办的"自然导师训练营"培训中，开始使用"自然导师"这个称呼。虽然，它未给"自然导师"一个明确的定义，但已用其来泛指自然教育中的各类从业人员。

以下内容摘自2015年绿色营在四川王朗的自然导师培训营的招募公告。"如果您是一名自然教育的同行者，热爱自然并乐于分享，更加希冀自己成为一名优秀的自然导师，那么请赶快加入我们吧！一起体验生命的完美与精彩！期待与您在自然中相遇！"

从以上几家发展较早的自然教育机构对自然教育从业者的称谓来看，因工作手法的侧重点、形式和内容有所不同，从业者的称谓也略有不同。比如，偏重体验活动的从业者被称为"自然体验师"；偏重知识讲解活动的从业者被称为自然解说员。但他们又有许多共同的特征，比如，工作内容都涉及体验活动和群体活动的引导、带领、互动、分享等协作的过程（鲍小东，2014）。

2019年，全国自然教育网络人才培养委员会在综合了各个机构的称谓后，提出了"自然教育导师"的统称，并指出这个统称包含了在自然教育活动中所涉及的所有类型的"教育者"。我们之所以称其为"导师"而不是更为广泛应用的"老师"，是为了提醒更多的从业人员，自然教育活动中的教育者不同于以"教"为主的教师，应该更重视"引导"参与者在自然中的学习、体验和成长。

本书中的自然教育导师是指通过设计自然教育课程以及开展和带领自然教育活动，直接引导或教授参与者达到教育目的、实现教育目标的从业人员。既然是导师，就和教师一样，需要满足作为教师的职业素养，从专业的知识素养、才能素养、精神素养来提升自己的职业素养。

自然体验师深度体验自然游戏

## 二、常见的自然教育导师类型

在自然教育实践中，不同的自然教育机构因开展的自然教育活动的形式和内容侧重有所不同，对自然教育导师会使用不同的称谓，也会对其知识技能等有不同的要求。下面列举了一些常见的自然教育导师类型以方便大家更好地理解。

### （一）自然体验师

自然体验师，也被称为"自然体验引导员"，通常是指在自然教育活动中引导参与者开展自然体验活动的专业人员。广义来说，自然体验活动包括了几乎所有类型的自然教育活动。狭义来说，自然体验活动是以更偏向感官体验和身体体验为主的自然教育活动。本书中的自然体验师是指以更偏向感官体验和身体体验为主要互动方式的带领人员，自然体验师引导人们回归大自然，注重人与自然的深层次联结。

2010年，自然之友引进了欧美、日本、中国台湾等国家和地区的自然教育和环境教育经验，并开始系统化地培训自然体验师。根据服务对象的年龄段、活动人数、活动时长、活动的经验及复杂程度，自然体验师一般被分为初级、中级和高级，也有时被分为队辅、领队和资深领队。由于自然教育行业才

自然讲解员正在向儿童解说公园里不同的植物

刚刚开始发展，这些不同级别的自然体验师之间的界限和标准并不严谨，也没有统一的行业标准。因此，不同的机构使用的标准和称谓可能会所不同。

### （二）自然讲解员

自然讲解员，也被称为环境解说员，是指在自然中以讲解服务为特色的自然教育活动的带领者。

自然解说一词源于国外的环境解说，最早出现在美国国家公园的服务体系中，伴随着新兴的旅游方式、目的地竞争日益激烈和居民游憩需求的增加，其概念内涵与功能不断发展，并且解说的研究也得到不断完善（朱亮和张建萍，2012）。

在中国，"自然讲解员"更适用于国家公园、自然保护区和自然公园等自然保护地这类场所。而对于博物馆、科技馆来说，用讲解员或科普讲师就可以了。他们最主要的功能就是为游客提供解说服务。但是自然讲解服务并不是单向的知识传递过程，而是一种互相学习和交流的过程。这也意味自然讲解员在提供解说服务的过程中，通过提问、回答、分享等，与公众进行实时的交流，这在一定程度上完善了自己的知识结构，也提高了自己的讲解水平。

自然教育行业的自然讲解员主要担任自然教育导赏活动中的物种或生

生态摄影师定点观察、拍摄

态讲解、生态旅行中的导览、动植物或特定领域的专家等职能，同时，也需要兼顾课程的设计、活动带领以及活动安全、后勤保障等方面的统筹工作。自然解说员不单单只是解说，传递自然之美，更重要的是关心自然环境，适时传达自然保护的理念与愿景。改变才是自然解说的核心与目标。自然讲解员也可根据经验和解说能力分为初级、中级和高级，也可以从专题方面进行分类，比如，青蛙初级解说员、地质公园初级讲解员、湿地解说员等。

### （三）自然创作导师

自然创作导师，泛指有创作专长和技能，开展以自然美育、自然笔记、生态摄影、自然手工（包括但不仅限于陶艺、木工、儿童花艺等）为内容的自然教育课程的自然教育导师。在自然教育实践中，自然创作导师使用自然的素材和材料带领创作类的活动，引入对自然的观察，让更多人从艺术视角更加关注和喜爱大自然。自然创作导师往往都具备一定的美术和动手能力，本身也喜欢自然、具有细致的观察，作品也能带来更多人与自然关系的理解和升华。此类导师中，有一些生态摄影师，以对生态环境的观察入手，带领儿童在大自然中开展自然观察和生态摄影活动来记录大自然。他们本身既是生态摄影师，又是自然教育导师，通常会设计以生物多样性摄影、生态摄影为主

生态创作师往往可以就地取材，并赋予其新的生命

的课程。此外，还有一些以自然音乐为主要内容的自然音乐导师，以阅读和诗歌、绘本、文学创作为主题的自然阅读导师等。

### （四）生态向导

在自然教育实践中，中国开始有越来越多专业的生态向导或自然向导出现，其中，以野生动物向导、观鸟向导最常见。观鸟活动在全世界都是一项很受欢迎的自然教育活动，观鸟课程也是很多自然教育机构都会开展的课程，广受家长和儿童的喜欢。近年来，随着我国观鸟活动的广泛开展，观鸟课程越来越深入和专业，从一般公众倡导性的体验活动水平逐渐进入公民科学、数据收集、调查研究的专业水平。越来越多的观鸟爱好者的产生，也让一些非常专业的、被业内称为"鸟导"的观鸟导师应运而生。这些观鸟导师不仅在鸟类识别、认知和保护等方面有着丰富的实践经验，还在开展活动的过程中呼吁更多人行动起来保护鸟类。他们不仅带领一些本地的观鸟活动，甚至还去到世界各地组织观鸟导赏活动，让更多人了解、认识鸟类及生物多样性的重要性。除了观鸟向导外，还有一些其他的专业野生动物向导、植物向导等。他们不仅熟悉自然、生态等方面的专业知识，扮演"专业导师"的角色，还熟悉活动组织、协调、后勤等工作，扮演"活动领队"或"团队领队"的角色。

自然解说员培训——重返林间的大小孩

### （五）课程研发导师

课程设计与研发是自然教育导师的一项基本能力。在自然教育实践中，有不少自然教育机构专门设置了课程及活动的研发人员。他们对活动和课程的设计与规划进行研究，并不断创新，设计出许多有趣的自然教育课程或活动，使活动具有很强的连贯性、衔接性和体验感，也负责对自然教育教学目标进行评估和反思。

一些自然学校或自然教育基地拥有自己的活动场地，开始专门设置负责规划和设计在场域里的自然教育活动和课程的自然教育导师来研发和设计有自己特色的课程模块。

课程研发导师所承担的课程设计角色，不同于活动方案写作人员，除了写作文案内容、安排活动内容，更重要的是从教育的视角，对课程进行创新、更新和迭代，设计出主题更加丰富的课程，比如，系列课程、项目式课程、进阶课等。这让自然教育活动开始往更深入、更系统、更专业的方向发展。

以上提及的自然教育导师，除了需要在专业知识和技能等方面的学习与培训外，同样也需要进行教育相关领域的学习，比如，教育学、儿童心理学等。因此，针对他们也会有不同的培养机制和个人成长路径。

当前，很多自然教育从业人员并没有获得与个人职业发展相关的成长指导和支持。当社会关注自然教育行业发展的同时，其实更需要关注自然教育人才队伍的发展，尤其是自然教育导师的成长与发展。因为，他们是自然教育行业最重要的基础和力量。

# 第二节 自然教育导师应具备的能力

自然教育导师需要具备什么样的能力？因自然教育本身具有一定的公益属性，因此，本节第一部分从公益组织素质能力库的角度，探讨自然教育导师的素质模型；第二部分分析了自然教育导师的原动力和价值观；第三部分讨论了自然教育导师应具备的知识与技能；第四部分提出自然教育导师应具备的职业操守和行为习惯。

### 一、自然教育导师的素质模型

一个优秀的自然教育导师，首先要对大自然有足够的热情，才会有动力走进自然、了解自然，更好地理解自然教育的目标和意义，进而产生守护自然的使命感，培养恒毅力，成为优秀的自然教育导师。因此，本节参考《公益组织素质能力库应用手册2.0版》（以下简称《能力库》），使用"素质模型"一词对自然教育导师的动力、价值观、知识与技能、行为习惯进行分析和讨论（图5-2）。

《能力库》（墨德瑞特，2018）以冰山模型作为理论基础，构建了公益组织人员的素质能力结构。该模型基于公益组织的人才素养开发，对以社会公益组织或社会企业为主要类型的自然教育机构来说，有较强的借鉴意义，也方便讨论通用的自然教育素质能力。

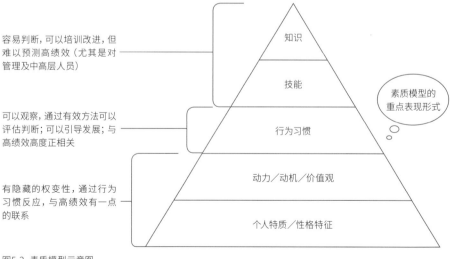

图5-2 素质模型示意图

素质能力也称胜任力，简单来说可以定义为"区别高绩效与一般绩效的关键行为习惯"。通过特定的专业手段，找出完成特定工作所必须具备的素质能力组合，并界定素质的定义、具体行为、水平分级，便形成了某一类型职位的素质能力结构，称为素质能力模型或者能力素质模型。素质能力比知识技能更能预测高绩效，管理素质能力比管理动机、性格更可操作。

## 二、自然教育导师的原动力和价值观

### （一）原动力

访谈过多位自然教育机构主管后发现，自然教育机构在招聘自然教育导师时，首先关注的是应聘者是否热爱自然、是否对生活充满热情。这就是原动力。《能力库》对动力的描述也非常适用来描述自然教育导师的原动力。以下对原动力的描述从《能力库》中改编而来。

原动力包含对人与自然和谐共生的向往以及服务精神。

每个人都对自然充满热爱与向往

**1. 对人与自然和谐共生的向往**

我们把对人与自然和谐共生的向往定义为：对人与自然和谐共生的愿力及责任感；关心自然生态，关心社会问题，关心人与自然和谐发展；对人与自然和谐共生的愿景敢于想象而不止于想象；善于找到自我定位，将完善自我和追求人与自然和谐共生的愿景、解决人与自然的相关问题、实现机构使命有机结合；因自愿而自由。

对人与自然和谐共生的向往的参考行为梳理如下：① 喜欢待在大自然中，感受和体验自然的美好，对自然生命有深切的情感；② 向往人与自然更加和谐的关系，并自愿为此付诸实际行动；③ 对所关心的议题持续跟踪、研究，提高见解的深度和广度；④ 注重一手实践、体验式的学习，不只停留在书本和理论中；⑤ 平衡关注的自然教育议题和自身能力，找准自我定位及行动切入点；⑥ 在追求人与自然和谐共生、实现机构使命的过程中不断完善自我；⑦ 不断寻求应对自然教育需求的方案、践行机构使命，并乐在其中；⑧ 注重追求人与自然和谐共生的过程，而不是执迷于对理想愿景的想象和表述；⑨ 在与同路人的互动中相互滋养和激励。

**2. 服务精神**

这里所说的服务精神，是指感知、接纳、理解他人境遇的能力；耐心与爱心；发现服务对象的价值，协助其自主自立的能力；以身作则传递志愿精神，引导他人关爱社会、关爱自然的能力；用生命影响生命。

服务精神具体可表现为：① 尊重参与者，愿意为有需要的受众提供态度无差别的服务；② 敏锐感知他人的境遇及需求，以提供有针对性的、有质量的服务；③ 在长期、繁杂、琐碎的服务工作中保持积极心态及独立人格；④ 注重在服务中维护、提高参与者的自尊与自信；⑤ 积极主动传递服务自然、服务社会的精神；⑥ 积极主动传递本机构及自然教育的理念和价值观；⑦ 让他人看到受益人群、自然环境的改变，激发更广泛的和可持续的参与；⑧ 注重让参与者在参与的过程中获得价值感、收获和成长。

原动力是立志从事自然教育工作最原始的初心。它能激发从业者，给从业者持之以恒的力量，建立自己的使命感、价值观，并为之不断努力。在遇到困难的时候，原动力会让从业者感受到内在的力量，使其不轻易放弃，是支撑从业者坚持下去的恒毅力来源。

**（二）价值观**

自然教育导师的价值观需要不断地进行学习、积累和实践。它包含了至少4个方面的内容：正确的自然观、正性的态度观、身体力行的生活观以及正

自然学校里的服务性活动

面的教育观。价值观体现在一个自然教育导师的内在思想和外在行为，是自然教育导师非常重要的必修课。

**1. 正确的自然观**

每一位自然教育导师，都应该建立自己的自然观，即尊重自然，正确地处理人与自然的关系。如果没有树立正确的自然观，很容易把自然教育带偏，对参与者产生负面的影响，也可能给大自然带来伤害。

在自然教育实践中，自然教育导师应该从态度、情感、意识、行为等方面入手，培养参与者正确的自然观念。自然教育导师对于自然，应该做到：① 在对待自然的态度上，应该建立尊重自然的心态，心怀感恩地对待自然万物，尊重自然里的所有生命；② 在对待自然的情感上，应该热爱自然、爱护自然里的万物，具有同情心，感恩自然给人们带来干净的空气、水源及食物等；③ 在对待自然的意识上，应该建立人与自然共生同荣的观念，人是自然的一分子，每一个物种都是很重要的，要有不破坏自然、不伤害自然生命的意识；

自然教育导师在活动中处处体现尊重

④ 在对待自然的行为上，应该身体力行，尊重自然，采取对环境最小影响、对生物没有伤害的行为，时刻紧记在教学过程中自己的行为将会成为参与者模仿的对象；对于自然的态度和行为，一定要言行一致，说到做到；⑤ 在自然观察、讲解的过程中，遵循尊重自然的原则，并影响参与者懂得尊重和敬畏自然，理解其背后所倡导的生态伦理。

**2. 正性的态度观**

**(1) 对人的尊重**

对人的尊重，指尊重服务对象、共同工作的人，以及对活动地点其他发生关联的人群的理解和尊重。

由于儿童是大多数时候自然教育的服务对象，因此以下根据联合国《儿童权利公约》，列出了关于尊重儿童权利的主要说明。尊重儿童权利，认同教育儿童的目的应是：① 最充分地发展儿童的个性、才智和身心能力；② 培养对人权和基本自由以及《联合国宪章》所载各项原则的尊重；③ 培养对儿童的父母，儿童自身的文化认同、语言和价值观，儿童所居住国家的民族价值观，其原籍国以及不同于其本国的文明的尊重；④ 培养儿童本着各国人民、族裔、民族和宗教群体以及原为土著居民的人之间谅解、和平、宽容、男女平等和友好的精神，在自由社会里过有责任感的生活；⑤ 培养对儿童的尊重。

尊重和保护儿童，同时需要理解自然教育导师的角色。自然教育导师是引导者、分享者和陪伴者，而非高高在上的"教授者"，应尊重服务对象的价值观，在活动过程中践行。

基于对前面列出的行为准则，自然教育导师对于参与者，应做到：① 理解人的多样性，包容和接纳参与者的认知现状和状态，不随意评判和贴标签；② 教学中注意避免直接告知答案，而是尽量采用引发参与者思考和共同探讨的方式；③ 注意营造良好的沟通氛围，推动分享和交流；④ 善于利用机会进行教育，如果活动中参与者出现（对自然、对他人）不友善行为时，要尽量抓住机会进行及时、客观、坦诚的反馈和引导，应以开启对话、启发思考、推动反思为主，而非直接评判。

(2) 生态中心主义

生态中心主义 (ecocentrism) 重视生态系统的整体价值，关怀范围从生命个体扩展到整个生态系统，赋予有生命的物质和无生命的物质以同等的价值和意义，平等看待周围的一切（刘婴懿，2014）。生态中心主义的主要观点是：① 自然具有内在价值，这种价值不应依赖于其对人的用途；② 在生态系统内，自然界中其他物质和人类一样，具有独立的道德地位以及同等的存在和发展的权利；③ 人类应担当起道德代理人的责任，保护好自然。生态中心

儿童有自己的独特视角

主义价值观克服了人类中心主义，从更高的道德角度去关怀自然，为保护环境提供了新的理论依据。

自然教育导师需要具备一定的生态学基础知识，并且理解和认识到生态系统中所有成员都有其相应的位置和独特的价值，且是相互依赖的。以生态中心为基本价值准则，通过自然教育活动，帮助参与者从自己的理解程度出发，去认识生态中心主义，从而实现人与自然和谐相处的教育目标。

### 3. 身体力行的生活观

自然教育导师在倡导人与自然和谐共生关系的价值理念时，也需要将这些价值理念应用在自己的生活实践中。在实践中言传身教，会更有助于教学目标的达成。如果我们一边教育儿童要保护环境，一边又乱丢垃圾、破坏环境，这就有违我们的理念和价值观，也就难以要求别人去遵循这样的理念、价值观。

在自然教育实践中，作为自然教育导师，应该以身作则，尽可能地在个人生活中，对我们所倡导的环境保护理念和价值观进行实践。这种知行合一、身体力行的亲身实践，更具有说服力，也能更好地理解其背后的困难，获得宝贵的一手经验，从而在活动中进行分享，提高教育成效。

"不以善小而不为，不以恶小而为之。"自然教育的环境保护实践是点点滴滴言行的积累，如果我们自身都不够热爱大自然，不够热爱我们所分享的自然生命，我们如何能做好这份工作呢？因此，作为自然教育导师，需要身体力行地践行环保的生活方式。

### 4. 正面的教育观

要上好自然教育课程，自然教育导师需要有积极的儿童教育理念和教育方法。由于参加自然教育活动的儿童具有不同的生活背景、经验、能力、兴趣等，在教育理念上，我们需要树立正面的教育观念，积极地帮助所有儿童在自然中健康成长。自然教育导师不仅要在自然认知上成为参与者的导师，也要在教育能力上成为一名合格的教师。在自然教育活动中，自然教育导师既是引领者、教育者，也是分享者。在面向儿童开展教育活动时，不仅要从教育目标出发，也要从儿童的兴趣出发，从他们的经验出发。

有的自然教育导师拥有丰富的自然知识，但不懂得教育理念和方法，对待儿童缺乏耐心、引导，最终导致儿童对教学内容失去兴趣，无法达到自然教育的目标。教书者必先强己，育人者必先律己。我们不仅要注重知识的传授，更要注重育人品德；不仅要注重言传，更要注重身教。因此，自然教育导师的正面教育观就显得很重要。

树下乘凉,和地球打打交道

## 三、自然教育导师的知识与技能

### (一) 自然教育导师的基础技能

#### 1. 对自然的认知能力

作为一名自然教育导师,除了要拥有一颗热爱自然的心外,还应具备一定的生态学常识和对自然的认知。虽然在自然教育中并不强调要认识和识别出自然中的所有物种,并记住这些物种的名字,但是如果可以从自己感兴趣的自然物种出发,了解它们的名字,便可以更好地深入学习与它们有关的知识。慢慢积累,也可以对自然有更多的了解和科学的认识。所以,对于身边的常见物种,应该尽可能地去了解和认识它们,从而更好地理解与认识大自然,传递自然的故事,让更多人热爱大自然。

对自然的认知能力又被称为自然智能,是指人类对于植物、动物和自然环境中的其他部分,如云、岩石、生态系统等的认知和理解能力。这项能力最初是人们为了应对自然中的状况而发展起来的,可以通过持续的学习获得。如今,随着资讯的发达,人们获得知识变得更加容易,但除了获取书本知识之外,更重要的是需要具有在自然中认知的实践能力,以及敏锐感知自然界事物之间联系的能力。这与一个人在自然中的体验、观察是分不开的。

来自美国威斯康星大学教育学院的莱斯利·欧文·威尔逊(Lesley Owen Wilson)总结了自然智能的特点,供自然教育导师参考。① 拥有敏锐的感受

以自然为师，积累相关知识

能力，包括视觉、听觉、嗅觉、味觉和触觉；② 随时可以运用这些敏锐的感觉发现并区分自然界中的事物；③ 喜欢户外活动，如园艺、野外远足，喜欢观察自然或实地考察自然现象；④ 容易观察到周围事物的形状——相同之处、不同之处、相似之处和不正常之处；⑤ 对动物和植物感兴趣，并细心照料它们；⑥ 能观察到环境中他人无法察觉的细微之处；⑦ 创建、保管或拥有自然物品的收藏、剪贴簿、记录或日记——这些有可能包括观察记录、素描、图画、照片或标本；⑧ 对自然、科学或动物相关的电视节目、视频、书籍或物品非常感兴趣；⑨ 表现出环境保护和（或）濒危物种保护的强烈意识；⑩ 可以轻松地记住从自然界中发现的物品或种类的特征、名称、分类和数据（霍华德·加德纳，2017）。

　　自然智能的养成与自然教育导师在童年时期的生活经历相关，但并不是说童年时期与自然接触少的人就不具备自然智能或者认识自然的能力。成年人可以通过在自然中的直接体验，不断提升由兴趣所引领的自然学习。同时，无论自然教育导师或自然教育实践者在童年时期的自然体验是否足够，都可以从认识和学习本地植物、鸟类、昆虫等自然物种入手，经常甚至长期观察它们，以便更好地了解本地的自然生态以及物种与物种之间、物种与环境之间的关系，关心本地与自然相关的人文风土，不断积累生态知识和提升自己的自然智能。

**2. 课程设计与教学技能**

课程设计与教学技能是自然教育导师一项重要的基本能力和职业素养。教育本身有教学目标、教学大纲、教学内容、教学方法等基本要素。自然教育课程也可以参考教育学的基本要素进行课程规划和课程设计。因此，自然教育导师在课程设计时可以将课程目标、课程对象、课程内容、教学方法、活动流程、总结分享、户外安全、课程评估等基本要素作为课程设计的模板来进行考虑。

**(1) 课程设计能力**

与室内教学不同的是，自然教育作为一门以体验式和参与式为主的户外教育，还需要特别考虑户外教学环境、教学资源、教学安全等更广泛的内容。因此，自然教育导师需要具备一个更完善的课程设计思路和课程设计方法。

由于课程目标不同，课程内容安排也会有所不同，因此，在设计课程的时候，对课程目标进行梳理有助于提升课程质量。比如，针对低（幼）龄儿童的自然体验课程侧重自然体验，因此，其课程目标定位在通过体验自然，培养儿童对自然的好奇心。在设计活动的时候，可以针对低（幼）龄儿童的特点，安排更多的自然游戏和自然观察，以达到培养儿童对自然的好奇心的目标。此时，在户外自然环境方面，就需要选取物种相对丰富的地方，以方便开展自然观察活动。同时，还可以在不同的生境中设计五感体验游戏，如让儿童在"盲径"等游戏中运用视觉和触觉来感受和认识自然。

在设计课程时，可以围绕以下几个核心问题来进行思考和梳理："如何让参与者在自然中进行学习""如何利用自然环境来培养参与者的自然智能""如何通过课程和活动，来达到自然教育设定的目标"等。

**(2) 教学技能**

除了课程设计能力外，教学技能对自然教育导师来说也相当重要。教学技能是导师在教学活动过程中运用生态学、动物学、植物学、教育学、心理学等专业知识以及教学经验，准确、娴熟地组织和实施教学，以达到教学目标的一系列教学活动行为方式。这里包含了教学技巧、教学能力、教研能力等几个方面。

在教育实践中，通常有10项教学技能需要教师掌握并运用在课程中（袁方正，2020）。而这种通识的技能，对于自然教育而言也同样受用，因为教育本身的理念和方法是相通的。这10项教学技能分别如下。

① 导入技能：自然教育活动可以通过一些自然游戏来进行教学导入，让参与者集中注意力，引发参与者兴趣，并明确学习目标等。

② 讲解技能：讲解要有启发性、生动性、趣味性、针对性，要精讲。精讲体现了导师的解说水平和解说能力，也直接关系到教学的效率。

③ 表达技能：导师主要是通过口头表达与参与者交流、解惑答疑。如不善表达，讲不出来，要教好参与者恐怕很难。

④ 提问技能：在自然教育活动中，教学提问可以检查参与者已学的知识，进行教学反馈，集中参与者注意力，激发求知欲望，调控教学进程，活跃气氛，增进师生情感，锻炼口语表达，提高学习能力。

⑤ 指导技能：自然教育导师不仅要向参与者传道授业，还要帮助参与者解疑释惑。通过因势利导、谆谆善诱、过程互动来启发参与者的思维；导师指导不是代替参与者去寻找答案，而是引导参与者自己去探索、比较、归纳、综合并解决问题，让参与者在解决问题的过程中学会思考，锻炼思维方式，提升思维品质。

⑥ 倾听技能：参与者在回答教师提问或发表意见时常常不够准确、表达模糊，这就要求导师学会倾听，鼓励参与者并引导参与者进行观察和思考，从而帮助参与者理清思路、弄清概念、学会方法，能够自己探索发现并掌握知识。

⑦ 对话技能：对话是联结导师和参与者的纽带。好的教学对话可以实现导师和参与者知识共享、共同成长，构建彼此新型关系等。导师应与参与者平等交往，对参与者真诚以待，彼此相互尊重、交流合作。

⑧ 归纳技能：条理化的、揭示内在关系的梳理和归纳有助于参与者理解，进而促进记忆；归纳可以辅助教学、提高效率、激发兴趣、启发思考、强化记忆、减轻负担。

⑨ 分享技能：导师在课程或活动结束时，应该组织参与者进行总结分享，帮助参与者及时回顾所学内容。好的总结分享，会使教学更有深度，更有启发性和感染力，让参与者的思维进入积极状态，主动地求索知识的真谛。总结分享，也能让参与者从其他人的分享中检视自己的思考。轻松愉悦的分享有助于知识的转化。

⑩ 信息技术运用技能：自然教育主要是在户外进行，运用信息技术可以对户外的设计以及活动提供支撑，如根据气象云图的分析提前判断下雨或其他天气情况，提前对活动设计和安全预案进行准备，以及使用户外导航软件帮助记录路线、轨迹和保障安全。同时，也可以通过不同的技术、形式把

优质的体验活动能带领参与者全然投入自然

一些抽象知识的学习转化到户外进行。有的户外主题的课程，也需要通过信息技术的转换，提供在室内执行的可能性。比如，在保护地开展自然教育活动，遇到下大雨或无法进入保护区核心区进行户外课程时，就需要及时调整到室内进行。有的自然体验基地提供VR（virtual reality，即虚拟现实）穿戴设备，让大家在室内先体验这个地方的自然生境。一些难以抵达或受保护不应进入的区域，或者不同季节的规律和变化，都可以通过VR或其他信息技术来提供现场场景，以弥补参加者不能亲身经历的缺憾。

### 3. 协作与执行能力

在自然教育活动中，协作与执行能力主要是指自然教育导师需要拥有一定的灵活性和应变性，能够协作带领团队，及时沟通，处理好团队内部和对外的关系，主要包含了协作能力、执行力与沟通表达能力。

自然教育导师活动执行现场

**(1) 协作能力**

自然教育导师常常需要组织和协作参与者的团队学习活动，包括但不仅限于协作小组分享和讨论、协助小组达成共识、协调冲突、推进共同学习等。在自然教育活动中，自然教育导师应该更多地使用"协作式带领"的方式，而并非只扮演一个学术权威的角色。协作式带领要求更高的语言能力和人际智能，甚至要求自然教育导师能够掌握各年龄阶段人群的成长特点和需求，能够更好地处理团队矛盾，引导参与者自主学习、团队合作，并能带动参与者在自然中分享收获和启发。协作式领导力可以通过阅读相关书籍、观摩其他协作者、参加培训，以及在日常工作中不断练习等途径来获得。

自然教育导师的协作能力还包含在工作团队中的配合、支持和推动能力。

**(2) 执行力**

在自然教育活动中，执行力主要指执行人能够集中注意力、理解和记住指令、分解复杂任务、处理多个任务，以及出现状况时能够迅速做出判断的能力。

综合执行力可以通过在多次活动练习中不断地复盘反思，并积极总结规律和经验的过程中得以提升。

自然教育机构应该为其工作人员和志愿者提供提升执行能力的支持，比

换个角度来看人与自然

如,通过整理和提供复杂任务执行操作手册、事件分析等措施增强机构的团体执行能力。

### (3) 沟通表达能力

除了具备实践经验、科学知识外,作为一名自然教育导师,还应努力提升自己的语言表达能力,能够进行清晰、简洁的表达和积极、正面的沟通;通过各种方式创造使人愿意沟通、讨论的气氛。自然教育导师也能先倾听了解他人的真实意图和观点,然后再做出反应;在沟通讨论中敏感地察觉对象的反应并做出合适的调整;当对方表达不清时,通过有效追问或提炼确认理解的准确性。

在活动准备阶段、活动进行中以及活动总结阶段,都需要进行大量的文案撰写、活动说明等与语言相关的沟通工作。因此,一位自然教育导师需要具备清晰的表达和沟通能力,包括向参与者传达提示和要求、解说、提问和答疑、引导等,还包括在团队内部进行信息传达、反馈和支持、写作等。

### 4. 学习能力

自然教育导师的学习能力是指对自然有好奇心、求知欲;致力于自我认知及自我改变;善于学以致用,取得更好的工作成效;既能从书本、过去的经验中学习,也能从感知、行动、协作、变化等情境中学习。

自然教育导师需要具备与户外活动强度相当的体能

自然教育导师需要保持空杯心态，不断更新观念和认知；有意识地体察自己的感受、情绪、行为、需求等；在实践中进行反思，做出积极调整；善于在与他人的互动中总结经验，巩固知识，有所收获；时常跳出"圈子"，学习其他行业前沿的或成熟的思维、工作方法；积极寻找榜样，乐于学习和应用他人行之有效的方法，提高能力；对典型案例进行复盘和剖析，帮助个人及团队成长；敢于挑战自己当前的能力局限，不断提升个人能力。

### 5. 保持身体健康的能力

大部分自然教育活动是在大自然中进行的，因此自然教育导师需要常年在野外开展工作，不可避免地会经历风吹日晒或者遇到恶劣的野外环境。这对自然教育导师的身心都具有一定的考验和要求。虽然自然教育活动本身并不是极限运动，但是活动带领对于导师体能和身体反应有较高的要求。自然教育导师需要提前对活动场地进行踩点、探查，也需要通过适度的锻炼提高其应对野外工作环境和挑战的能力。

当然，还有一些自然教育活动涉及的户外运动比较多，比如，游泳、徒步、皮划艇等，这就要求自然教育导师还应具备特定的运动技能或与专业教练合作带领。

自然教育导师通过踩点提升团队户外安全管理能力

#### 6. 安全管理的意识和技能

在自然教育活动中，所有的成效可以是无数个"0"，而安全是排在前面的"1"。没有安全，所有的努力成果都不会存在，对于风险管理来说，最重要的是自然教育导师要具备安全管理的意识和技能。

自然教育导师（主要指助教导师类）安全管理意识和技能包括如下几点：① 理解活动场地管理方提出的安全要求，并严格执行，不能掉以轻心；② 认真踩点，排查安全隐患，带着安全视角设计合理的活动方案、路线；③ 在活动前提高参与者对活动的认知、了解参与者情况并做出合理应对；④ 工作伙伴之间建立良好的合作关系，对自身的各项能力有正确的认识，保证以良好的状态开展活动；⑤ 持续学习有关野外危险生物和环境的知识，具有辨识有毒植物、有毒蘑菇、有毒昆虫等危险生物的能力；同时，具备一定的急救常识和经验；⑥ 了解和学习急救常识，每两年应参加一次户外急救和安全管理的培训或训练，不断提高自身的安全管理能力。

### （二）自然教育导师的专业能力
#### 1. 自然体验与自然观察

自然体验和自然观察是自然教育活动中最常见的活动形式之一。自然教育导师需要提升自己在自然体验和自然观察方面的专业技能。

自然体验和自然观察是自然教育导师基本的专业技能

　　自然教育导师在研习自然体验课程内容的时候，需要清楚地知道和理解每一个自然体验活动背后的核心内容和理念，然后结合实地的自然资源和场域条件，设计不同的自然体验活动以实现自然教育的目标。

　　在实践过程中，需要结合活动对象、活动人数、活动目标来开展活动以达到好的体验效果。自然教育导师需要掌握带领体验活动的方法、技巧，并对带领中可能会出现的问题做好应对预案；通过小型研讨会、亲身体验来优化和创新自然体验课程和活动。比如，如果活动对象是已经参加过多次活动的群体，那么就不适合重复开展内容和形式一样的自然体验活动，需要根据参与者特点进行活动优化和更新。

　　对自然教育导师来说，定点观察是一项非常重要的工作。自然教育导师需要选定和建立几个可以经常开展定点观察的地点和观察主题。只有不断地在自然中进行自然观察，才能够积累足够的实践经验，而这些经验是书本上无法学到的。有的导师具备很丰富的理论知识，讲起物种来头头是道，但是由于缺乏实践经验，当他走进大自然时，两眼摸瞎，什么也不认识。作为自然教育导师，需要花更多的时间在自然中学习。

**2. 自然解说技能**

　　自然教育导师不仅仅是带领一项"体验活动"，更是在引导参与者产生对自然的惊奇之心，让他们通过对自然的认识和理解，持续保有对自然的热

在大自然中,我们都可以成为艺术家

爱、尊重和行动愿力。对于解说技能来说,最重要的是自然教育导师本身对自然的理解和欣赏、对参与者的同理心,以及乐于与人分享的态度。自然教育导师可以在日常工作中练习定时解说、即兴解说或者主题解说来提高自己的解说技能。提升解说技能,一方面基于平时阅读大量的书籍、学习更多的知识,让自己具备足够的理论基础;另一方面需要花时间走进自然,进行自然观察,在自然中获得更多的一手经验,储备自然故事。除此之外,还需要通过不断的练习,将理论知识和实践经验联系起来进行解说。

### 3. 自然记录技能

在自然教育导师的基础技能中,提到自然教育导师应具备对自然的认知能力。比认知能力要求更加专业的则是自然记录的能力。自然记录包括自然笔记、自然绘画、生态摄影和创作等。

之所以需要这些技能,是因为自然教育导师在野外学习时,需要及时地把在野外学习到的知识和内容进行记录和整理,方便日后复习,并用于教学中。此外,自然记录也是自然教育活动中常常会用到的一项技能。因此,自然教育导师可以根据个人的兴趣和需要,有针对性地在自然记录方面进行培训和学习。比如,系统地学习生态摄影、自然绘画、艺术创作等。

### 4. 野外技能

有些自然教育活动会涉及更为专业的野外技能。因此,自然教育导师应

自然教育导师需要具备一定的野外技能或急救技能

具备一定的野外活动技能，比如，攀树、划艇、潜水、木工制作、高山徒步、野生动物的辨识等，甚至难度更高、更复杂的野外营地搭建、生火等。此外，野外生存技能也十分重要，它可以帮助自然教育导师更好地适应野外生活，把握和判断野外环境中存在的风险，并及时采取正确的应对措施。当然，这些技能并不要求每一个自然教育导师都必须掌握，应根据自身的需求、活动的内容和类型来择取。

### 5. 急救技能

大多数自然教育活动在野外进行，即使提前进行了安全检查、制定了应急措施，但意外也可能发生。因此，如果自然教育导师掌握了一定的野外急救技能，在开展自然教育活动时会很有帮助，能够更加从容地应对突发事件。

开展户外活动时需要具备的野外急救技能通常有以下几种。① 急救：心肺复苏；意外伤害急救，如溺水、气管异物；创伤急救，如止血、包扎、骨折固定、搬运伤员等; 感染控制; 体温调节等。② 危险生物的预防与应对: 被蛇咬伤, 被蜂蜇伤, 误食有毒蘑菇、植物, 花粉过敏等。

### (三) 其他能力

目前, 我国大多数自然教育机构的规模都较小, 工作人员的工作内容无法分工太细, 因此, 一个自然教育导师可能要负责多项工作。比如, 有的自然教育导师需要肩负起机构的传播工作, 负责文案的撰写、微信公众号内容的编辑、活动发布以及招募、营销和推广, 甚至还有后勤、财务等工作。

如果查阅各个自然教育机构的人员招聘广告, 我们还会发现, 相关岗位的要求已经阐明了对自然教育导师的素养和能力要求。为了帮助读者了解自然教育机构对从业人员的要求和期待, 这里节选了两家机构的全职招聘公告, 以供参考。

> **鸟兽虫木于2020年10月的自然导师招募要求:**
> 热爱自然, 热心环保公益, 认同鸟兽虫木自然教育的理念; 具有1年以上自然教育课程带领经验……拥有鸟、兽、虫、木或环境等自己擅长或非常钟情的领域; 乐于分享与合作; 能够接受不定时工作制, 接受周末及节假日加班。

> **红树林基金会 (MCF) 生态保护项目总监的招募要求:**
> 具备全面的生态学知识及丰富的专业实践……擅长系统思考, 具有全局观, 思维开放, 具有优秀的学习能力; 具备优秀的沟通与协调能力, 能较好地整合与协调多方资源; 有强烈的目标导向, 擅长时间和工作任务管理; 敢于坚持原则, 做事严谨、细致、有序; 认同红树林基金会的愿景、使命、价值观和工作原则, 热爱生态保护事业, 对工作具有强烈的认同感并追求卓越; 能在压力下高效推进工作, 适应出差及灵活的工作时间。

这两家机构虽然招募的岗位不同, 对岗位的描述也不同, 但对自然教育导师都有共同的能力要求: 执行力、专业能力、学习能力、团队合作能力、分享的能力、对事业的热爱和机构的认同。除了能力以外, 机构希望招募到的工作人员还要具有热心、上进心、追求、努力、机制应变、担当等品质。

### 四、自然教育导师的职业操守和行为习惯

除了以上提及的素质、价值观和能力外,自然教育导师还应该有一定的职业操守,养成自己的行为习惯。

我国自然教育行业发展时间比较短,但发展速度很快,因而各自然教育机构及其从业人员的行业水平参差不齐。在实践过程中,也经常出现一些不良的行业行为,主要表现在以下几个方面。

**1. 侵犯知识产权**

抄袭活动方案、盗用图片等,是目前行业内最普遍的侵犯知识产权的行为。这些行为甚至在合作伙伴之间都时有发生。发现这样的侵权行为后,为了顾及双方情面,通常只是让对方删除相关内容便作罢,不会继续追究责任,也不会留下任何证据。长此以往,会非常不利于自然教育的创新与发展,对原创作者也是极大的伤害。

**2. 破坏生态环境**

在以"自然教育"为名的活动中,时常发生破坏生态环境的行为,比如,"马老师"事件。一个专门非法捕捉和兜售爬虫的虫贩子,摇身一变成了昆虫专家,在活动过程中,怂恿儿童徒手捉蝙蝠、亲吻叶猴,让儿童捕捉竹叶青来挤毒液、捕捉濒危动物等。在一次马达加斯加的生态旅行中,他唆使家长和儿童,偷偷把当地的生物活体带回中国,结果在机场被海关当场查获。这不仅是破坏生态环境的行为,还触犯了法律,得不偿失。

**3. 忽视安全问题**

在开展户外活动时,会有安全事故发生,而大部分安全事故的发生都源于活动组织者没有足够的安全意识。因此,时刻要牢记,不管在什么情况下安全第一。

自然教育活动通常在户外进行,相比室内环境,户外环境复杂多变,如果缺乏高度的安全意识、没有合格的安全保障机制,很容易出现事故。一旦发生事故,不仅会给当事人、机构造成不可挽回的严重后果,还会影响家长、学校乃至整个社会对自然教育行业的信任。

我们呼吁自然教育导师应严以律己,树立正确的价值观,践行良好的职业操守,养成良好的行业行为习惯。

#### (一)行为习惯

在自然教育活动中,自然教育导师需要具备良好的行为习惯。如果要求参与者准时到达活动地点,那么自然教育导师必须做到提前到达活动地点,并做好相应的准备工作。如果要求参与者积极主动进行沟通,自然教育导师

也需要及时、正向、开诚布公地反馈与交流，愿意聆听不同的意见，尊重参与者。在要求参与者做到前，自己率先做到。

具体良好的行为习惯列举如下：① 勇于承担，不回避、不推卸责任；② 保持良好的身心状态（吃好、睡好、心情好）；③ 提前做好培训准备，不急不躁，心里有底；④ 觉察和接纳自己的状态，能够自省和自我调整；敢于面对自己的不足，接纳自己的不完美；⑤ 工作状态和身体状态不好时，不勉强、不强撑，积极寻求伙伴的帮助和支持。

在所有的活动中，自然教育导师都应该重视安全管理和安全教育，具有安全敏感性；尊重自然和参与者，有责任心；做到事先评估、及时解决安全隐患、正确处理安全问题，以及事后积极反馈和沟通。

### （二）实践原则

在自然教育活动中，自然教育导师如何充分考虑活动对自然的影响及对参与者的尊重和保护呢？具体来说，可以从活动的事前准备和活动过程中遵守一定的基本原则的角度来考虑。

#### 1. 活动准备过程中，应该遵守的原则

① 事先对开展活动的场地进行踩点，并进行充分的规划与准备。选择活动线路和场地时，一方面要考虑安全问题，排除隐患；另一方面要尽可能地减少对自然、对野生动物的影响；并根据参与者数量、活动目标等要求对活动场地和路线进行择优选择。

② 活动前要提醒参与者着装舒适且合适，携带个人用品等。比如，服装避免过于鲜艳，尽量选择接近自然及大地的颜色，如墨绿色、土黄色、棕褐色等；穿着长衣长裤，佩戴遮阳帽，并注意防晒、防蚊虫叮咬；携带雨具、个人特殊药品，注意保暖等。

③ 引导参与者建立正确的接触大自然的意识。比如，告诉参与者应该带着强烈的好奇心、敏锐的觉察力、集中于当下的注意力、不急不躁的耐心、尊重生命的虔诚走进大自然，利用五感去体验自然，与自然联结；行进过程中把脚步放慢，身子放低，心灵放松，去体会大自然的美妙。

④ 如果是到一些重要的保护区开展生态旅行，需要提前召开行前说明会，让参与者了解行程的特色性，一方面，要告诉参与者做好心理准备，知道需要应对的自然环境的舒适度有限；另一方面，也要告诫大家减少带一次性的用品，特别是不要在当地留下垃圾。如果去海洋保护区，要提醒参与者选用环保的防晒霜等用品，避免给当地生态带来影响甚至造成破坏。

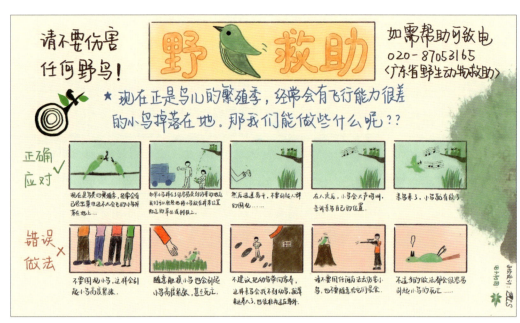

要观鸟，不能关鸟

**2. 开展活动的过程中，应该遵守的原则**

① 开展活动时，尽量保持团队低音量状态活动，尽量选择可承载的路面行走，以减少对原生自然的干扰。

② 在进行自然观察时，尊重和爱护其他生命，将对其他生物的干扰降到最低。比如，尽量不采摘植物，不破坏自然植被，不伤害其他生物，有意识减少抓捕、采集，杜绝带走自然物的行为。如果因教学需要而进行采集或抓捕作为示范和学习，在活动时需要再次强调并明确告知参与者此次采集目的，并在示范学习结束之后，就地放回；如果涉及保护区等地方，须事先向相关管理部门报备，得到许可方可进行，不能知法犯法，违反保护区的管理条例。

③ 尽可能借助望远镜等工具进行自然观察，但如果确实有需要近距离观察生物，甚至触碰观察对象，首先要确保安全，一个是物种本身的安全性，另一个是人与野生动物的安全距离。在不伤害观察对象及不被观察对象伤害的前提下进行观察，并在观察后将其放归原生境；不投喂野生动物。

④ 尊重生物所在的自然环境，保持动物栖地原貌。比如，移动石头、朽木后记得放回原地。

⑤ 在进行夜间观察时，要正确使用手电筒。比如，控制团队整体的手电筒使用数量和亮度，不长时间直射生物。不能把手电筒对着参加者直射。

⑥ 对活动中产生的垃圾、个人排遗物和排泄物进行适当的处理，选择对

环境影响较小的清洁用品等。塑料垃圾带走或适当处理,避免给当地增加环境负担。

### (三) 加入并践行行业自律行动

2019年1月7日,全国自然教育网络正式发布了《自然教育行业自律公约》(以下简称《自律公约》)。发布《自律公约》的目的在于,凝聚行业健康发展和原则性共识,以行业自律为出发点,共同推动行业的健康发展。《自律公约》是众多行业伙伴共同努力的成果。

《自律公约》可在公众号"自然教育论坛"上找到个人签署链接。自然教育导师可以个人或机构名义参与联署,并持续支持行业自律(全国自然教育网络,2019)。

公约全文如下。

---

**第一章 总则**

第一条 为推动中国自然教育行业的健康发展,特制定本公约。

第二条 本公约所称"自然教育行业"是指"在自然中实践的、倡导人与自然和谐关系的教育"从业群体和从业活动的总称。

第三条 倡议行业机构、从业者联署,加入本公约,从维护行业健康发展的角度,积极推进行业自律,创造良好的行业发展环境。

第四条 全国自然教育网络是本公约的制定和发起方。

**第二章 自律条约**

第五条 自觉遵守国家法律、法规、规章的相关规定。

第六条 尊重自然。尽量减少对野生生物和生态环境的影响,不以自然教育的名义,伤害野生生物,破坏生态环境。

第七条 尊重知识产权。未经授权或许可,不使用其他机构或个人的图片和文字等,不抄袭其他机构的课程和活动方案。与其他从业者友好合作交流、互相尊重、公平竞争,维护和谐有序的行业秩序。

第八条 重视安全风险管理。做好安全管理规划和风险管控,发现安全隐患,及时叫停。

第九条 建立反性不当行为机制及解决途径,对性不当行为零容忍。

**第三章 附则**

第十条 本公约与国家法律和法规不一致的,依据国家有关法律、法规执行。

第十一条 本公约解释权归全国自然教育网络。

发起方:全国自然教育网络<br>2019年1月

# 第三节 自然教育导师的成长路径

自然教育行业最基础也最重要的人才，是自然教育导师。一名优秀的自然教育导师并非一夕养成。本节总结自然教育导师的成长阶段，梳理了自然教育导师的一般成长路径，将自然教育导师的成长概括性地划分为助教导师、自然教育导师、资深导师，并针对不同阶段的自然教育导师提供相应的成长建议，以便帮助读者整体性了解自然教育导师的成长路径，更好地规划自然教育的职业生涯。

## 一、成长阶段

由于自然教育行业的发展历程尚短，国内高校还鲜有自然教育专业和职业化教育的课程。自然教育行业先行者主要来自与自然教育相关的专业领域，他们经历了不同的成长过程，但又具有相似的成长经历。在对这些行业先行者进行访谈时发现，他们的成长主要经历了种子期、沉睡期、萌芽期、探索和实践期4个阶段。

### （一）种子期

大部分参与访谈的从业者都有难忘的在自然里度过的童年和少年时期。他们中，有的从小生活在农村地区或城市郊区，具有比较宽松的成长环境，能够自由玩耍，课余有玩伴。有少数从业者幼年时经历过被污染了或者城市化的环境。这样的经历虽然并不美好，但可能提升了他们对环境的敏感性和观察力，并在未来成为他们行为改变的力量。

当然，在城市长大的年轻人，自然体验的机会少于在乡村长大的同龄人；而更年轻的一代，体验自然的机会又少于更年长的一代。这也许是生活在各地、有着不同生活经历的人都可能具备的"种子"。

### （二）沉睡期

很多自然教育导师都经历过一个"不知道要做什么"的沉睡期，或者职业和生活的选择并没有直接与自然教育发生联系。

每个人的"沉睡期"都不一样。表面上看，沉睡期与自然教育并没有直接联系。然而，它很可能是一个独立个体自然观与教育观慢慢形成或发生改变的阶段。

若读者评估自己尚处在"沉睡期",可以通过参加不同类型的体验活动和志愿服务、阅读相关书籍等方式来找到合适的"萌芽"时机。

**(三)萌芽期**

经历过沉睡期之后,很多后来成为自然教育培训师的人都经过了一些外部事件的影响,比如,成为相关领域的志愿者,参与一些机构的服务和活动(有的是大学期间参与学生社团)。这些事件促使他们对自己的使命和社会责任进行思考、认知。另外,还有一些人受家庭成员尤其是儿童的直接影响或需求开始对教育和社会问题进行反思。

自然教育网络人才培养委员会成员黄海琼(自然名橙子)在她的自述文章《十年前的那个间隔年,改变了我的后半生》中记述了自己萌芽期的故事。

> 2007年,跟着朋友参加过两次自然之友植物组的活动,回来后几次在自然之友网站上注册成为正式会员未果……然而,我竟然一次现场活动都未参加过,直到出现"自然体验师培训"——"那个春天",一个由花、草、阳光、盈盈水波、空气的味道组成的"春天"。因为春天的那场培训,我的眼睛里不再只有"景色",还有了生命。我逐渐体会到"自然体验"对于我的意义。

2014年春天,自然之友·盖娅自然学校开始试运行,黄海琼成为自然之友·盖娅自然学校的联合发起人。

自然教育网络人才培养委员会的另一位成员黄鹰,也讲述了自己在萌芽期的经历。

> 我从事自然教育的契机,是源于我和女儿圆宝的一次关于"蜻蜓"的对话。那时,3岁的她和外公外婆住在成都春熙路一带。一个夏日午后,我和圆宝在小区庭院里发现了几只蜻蜓。观察片刻后,她满怀期待地对我说:"妈妈,下次你能给我买一只蜻蜓吗?"这个简单的问题该如何回答,作为母亲的我感到颇为吃力。

这次"顿悟"启发了黄鹰从自然保护转向自然教育事业。

与萌芽期同时到来的，往往还有行动的改变。由于心中的自然教育的萌芽，很多人开始有意识地参加自然教育活动、组织或者加入有环境行动意愿的团队。萌芽期对于人才培养和储备来说至关重要，只有清楚地经历过萌芽，并且有了"顿悟"或其他清晰的启发，持续和深入的探索才会到来。

### （四）探索和实践期

萌芽期之后，有很多人进入了选择自然教育作为职业或开创新事业的深度实践期，为自然教育事业的长足发展贡献力量。

此时，自然教育行业也应该为从业人员提供更多的学习机会，支持更多人从"萌芽"进入"探索"，从"探索"进入长期实践。除了参加自然教育专业培训外，处于探索和实践期的从业者应该参加实践性比较强的游学活动，或参与到一线的在岗研修中。

自然教育导师成长的4个阶段，让我们看到这也是影响环境行动者养成的重要生命经验。在人生的成长中，童年时期在自然中的快乐成长与互动，播下了保护自然的"种子"，并成为长大之后从事自然教育工作的重要经历。这不仅是自然教育导师的成长阶段，也是儿童自然教育重要性的有力佐证。

## 二、职业发展阶段

进入探索和实践期后，很多人成为自然教育从业者，其中大部分人逐步成长为自然教育导师。自然教育是一个实践性很强的行业，自然教育导师需要具备丰富的教育实践经验。总结自然教育导师的职业发展历程，将自然教育导师的职业发展阶段概括性地分为助教导师、自然教育导师、资深导师，不同阶段的自然教育导师所需要的能力不同（图5-3）。成为一名自然教育导师可能的职业发展路径无外乎专业学习、实践锻炼、跨领域引入等。

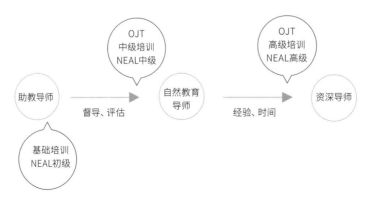

图5-3 自然教育导师职业发展阶段

### (一) 成为一名助教导师

助教导师是自然教育活动中需要从业者数量最多的角色,指可在一个综合性活动的一个环节中独立指导10人左右的小队,并能带领小队安全地完成活动的工作人员。助教导师能独立承担带领和管理小队的责任。一般情况下,在一次自然教育活动中应配备相应比例的助教导师。

助教导师具备基本的自然教育导师的能力和素养,应该参加过关于自然教育最基础的培训。我们鼓励每位从业人员以及对自然教育感兴趣的人士积极参与全国自然教育网络认证的基础培训①或日本自然体验活动推进协议会(CONE)组织的体验活动指导者认定制度(NEAL)初级体验师培训(图5-3)。在参加完培训后,助教导师需要进入在岗研修②。在具有一定的经验和完成研修课程之后,进阶成为自然教育导师。

### (二) 成长为自然教育导师

在具备助教导师的能力之后,可以根据个人的兴趣,往不同类型的自然教育导师方向成长。自然教育导师是自然教育活动设计和实施中非常重要的角色。

自然教育导师的成长,需要丰富的实践经验,更离不开专业化或更有主题性的学习。建议每个自然教育导师定期为自己制订个人成长计划,列出自己认为在实践中最重要的素养和能力,有计划地进行提升,并及时通过评估和反馈关注自己的成长。

从助教导师成长为自然教育导师,最好有一个督导支持。助教导师先是在课程管理、设计和协助方面成为自然教育导师的助手,或者是在分专题活动中成为讲解者或带领者,再逐渐成为自然教育导师,最后经一定的评估合格后,成为能独立承担项目任务的自然教育导师。评估时,最重要的是个人对自我能力的认可。被评估人要清楚地知道自己的能力,以及哪些能力还需要不断提升。如果自然教育导师在对自己没有信心的时候接受并执行任务,又缺乏支持和督导,很可能会导致其产生过度的压力及事后对自己的负面评价,甚至使个人的成长受到阻滞。

通常情况下,一个自然教育导师的成长,至少需要一年的学习和实践。

---

① 全国自然教育网络基础培训,是由全国自然教育网络人才专业委员会研发的,面向自然教育行业新生从业者与有志于从事自然教育的伙伴的21小时初阶必修课程,内容涵盖自然教育基础、生态知识与伦理、自然观察与体验和安全管理等多个方面。
② 在岗研修(on-the-job-training,简称"OJT"),将培训习得在实践中内化。OJT是自然教育人才培养中一个重要的成长途径,贯穿在自然教育导师成长的全过程,需要自然教育导师结合自己的兴趣和希望发展的领域、方向去寻求和创造相应的学习和进修机会。在岗研修的机会优先在自己所在的机构内部获得。如果从业者还没有入职或没有可实践的机构,可以通过与相关机构联系,利用参加志愿服务、兼职导师等途径来实现。

## （三）发展为资深自然教育导师

成为自然教育导师之后，在不同的机构资源和外部条件的推动下，自然教育导师会有更多的发展和发挥机会。一名自然教育导师能够负责多个不同内容的课程，或者在设计和执行不同的课程时，对于自然教育目标非常熟悉，在专业上游刃有余，拥有丰富的经验，并有一定的专长，就会逐渐成为资深自然教育导师。资深自然教育导师除了设计、执行和评估不同的课程外，还有一个重要的职责就是关注团队其他成员的成长，并给予督导和支持，提升他们的专业性和能力，甚至成为自然教育导师的培训师。

除此之外，资深自然教育导师需要定期回顾和评估机构的自然教育活动成效，并对活动进行改良和优化，不断创新，不断打磨活动和课程，使其成为行业标杆。同时，资深自然教育导师还要更加关注自然生态，关心环境，并能身体力行，成为实践者的模范，成为自然保护行动的倡导者、行动者和引领者。

无论是从零开始的还是跨领域的入门自然教育导师，都应该从自然教育基础性的培训开始，掌握成为助教导师的基本素养能力，为自然教育之路打好基础；选择在真实教学环境中的在岗研修、进阶性的培训等，不断提升专业能力，最基础的助教导师经过实践积累，慢慢成长为具备设计和执行教育课程能力的自然教育导师；获得更多元和丰富的工作经验后，自然教育导师集合培训、在岗研修等成为具备复杂管理能力的团队负责人或资深自然教育导师。根据个人的兴趣和机构的发展需求，资深自然教育导师可能再成长为培训师或一个机构的课程负责人。自然教育导师的职业发展是一个持续成长的过程，需要将自身的成长需求与服务的自然教育机构的需求有机结合起来，制定可持续的职业发展规划，不断精进和成长。

## 三、成长案例

下面我们用一个真实的案例来帮助读者更加具体地了解自然导师的成长经历。本案例的主人翁是云南在地自然教育中心（以下简称在地自然）的联合发起人宋文莉（自然名茉莉）（宋文莉，2013）。

和许多自然教育导师的种子期一样，茉莉的童年也有非常多的自然体验经历。小时候，她生活在一个不大的县城里，一放假就会去父母工作的水电站生活一段时间。这个水电站坐落在一个有万亩竹海的地方，自然环境特别好。父母会带着她到小溪里翻螃蟹，去水库里游泳、划船。充足的自然体验帮助茉莉在后来成为了一个真正热爱自然的人。

在大学和研究生时期，茉莉已经成为同龄人中的积极行动者了。她参加

2008年，茉莉（前排左六）参加云南大学唤青老友会的植树活动

了学校的环保社团并担任社团副会长，开始参与环境教育大学生志愿者项目。参加过两届大学生绿色营之后，她开始投身于本地的自然观察和解说引导，先后在云南昆明圆通山动物园和中国科学院昆明植物研究所开展面向公众的自然导赏活动。这些经历也成了茉莉成为自然教育导师的萌芽期。

茉莉的萌芽期与很多行业先行者的经历有相似之处：以志愿者或实习生身份参与了很多与自然和环保相关的实践活动；尝试过亲自带领活动，甚至具备了较高的设计和带领活动的能力；具有丰富的自然认知能力并有持续的积累。与很多同龄人相比，茉莉在这个阶段已经有了实践期所需的大量经验，具备了作为一个自然教育导师的能力。

茉莉进入自然教育探索和实践期的标志是2012年她参与了在地自然的创立，成为联合发起人之一。6年之后，2018年，她又开始创建咕噜森林幼儿园，并成为森林幼儿园的负责人。

回顾自己这几年的成长，茉莉认为有几件事情对自己的影响很大。

### 1. 向自然教育先行者学习

2013年11月，茉莉入选由日本国际协力机构（JICA）的日本自然学校研修生项目，到日本研修3个月。研修期间，她分别在风与土自然学校、完整地球自然学校（Whole Earth）、田贯湖自然塾以及栗驹高原自然学校几家风格不同却共享很多理念的机构学习。虽然只是3个月的时间，对刚刚成立的在地自然以及茉莉来说却是宝贵的机会。问及在日本研修期间的收获时，茉莉认为在日本的研修增进了自己继续在自然教育领域深耕的信心。日本的自然学校在建立之时，正值日本经济高速发展的阶段，公众污染事件频发、公众对环境保护的认识有待提高，大型主题公园、电子游戏成为儿童成长的环境。而日本自然学校发展的这30多年，正是日本先行者们回应社会需求、未成年人成长需求的历程。在研修期间，茉莉看到，在日本自然学校的营队里有各种不同类型的从业者，比如，有留着络腮胡子的老师，有消防员出身的老师。这些有着多元化文化背景的从业者，让参与者感受到，除了在城市里生活的西装革履的人们，社会上还有更多样的人、更多样的可能性。茉莉说："看这些前辈们先行了30多年，很坚定如涓涓细流般回应社会和未来，回来后我有信心继续做自然教育这件事情。"

### 2. 厘清了对自然教育价值的看法

自然教育的最终目标就是人与自然共生。以前知道"共生"就是一个词，包括讲自然教育倡导"人和自然和谐发展"，听到也赞同，但就是觉得很宏大，不知如何去实现。到了日本之后，看到前辈们做的事情，了解了他们对这个愿景的理解，茉莉的认识终于完整了。举个具体的例子。在位于富士山脚下的Whole Earth自然学校，因为当地有很多鹿，又没有天敌来控制鹿的数量，所以Whole Earth自然学校就有工作人员在当地开展了打猎项目，人为地帮助自然维持相对的平衡。这个项目给茉莉带来了比较大的触动。过去她认为自然保护就是要保护每个物种，而人的存在是所有物种的威胁。通过在日本的学习，茉莉意识到："共存，不是绝对以人的角度出发，也不是绝对的保护，而是将人和自然看成共生体。人和自然的关系是互动的、相互依存和制约的。而人，需要有意识地维护这个平衡并且具有这个智慧，让人和自然的发展都能可持续。"

### 3. 认识到自然教育与社会议题的联结

在日本研修的时候，茉莉感受到了日本自然学校对社会问题的关注。但当时只是"知道了"，没有太多思考和体会。随着阅历的增长，茉莉慢慢去理解这些关注和联结，明白其背后有着自然教育更深远的意义。比如，当时听一位日本老师介绍，他们有一个营期是没有"时间"安排的，就是日出而作，日落而息，饿了大家就一起做饭。茉莉当时只觉得："哇，这个创意好新啊，太有意思了！"之后，才慢慢理解这背后的深意，它是对现代工业化社会的一种质疑或者是行动型的反思。因为"时间"是工业化社会的产物，农业社会就是人根据自然规律进行劳作和休息。在日本研修期间，茉莉参加了日本Whole Earth自然学校组织的一个活动，即带领60岁以上的老年人在富士山周边社区开展健步活动。这个项目就是在回应日本的社会问题和社会需求，比

茉莉在日本Whole Earth自然学校参加的老年人健步活动

如，老龄化问题对老年人本身生活质量的影响和政府在养老、医疗等方面的压力。这个项目也促使茉莉去思考，自然教育并不仅仅针对青少年开展，各个年龄段、不同生活状况的需求都应该被看到和关注到。

茉莉和其他学员到日本自然学校研修的第一天，风与土自然学校的梅崎先生对他们说："希望你们收获满满，我相信任何一所自然学校都会毫无保留地将经验分享。"笔者认为，茉莉的日本研修经历是一个"取经"的过程，它增强了参与者从事自然教育的使命感，使其为自己的事业确立更明确的目标，并让参与者开阔了眼界。

本章成稿前，茉莉和她联合发起的两家机构也仍然在探索阶段。通过茉莉的案例，读者可以看到一个自然教育导师的成长需要经历比较长的过程。自然教育非一日之功，需不断磨炼和实践，而所有的努力都会汇聚成实现自然教育理想的力量。

# 第四节 自然教育导师的培养体系

虽然，目前自然教育导师并不需要像中小学教师一样必须获得相应的从业资格认证证书，但自然教育活动的开展对自然教育导师的要求并不低。培养一名优秀的自然教育导师，不仅要进行专业知识的学习，更重要的是进行户外活动实践经验和带领经验的积累。

本节将介绍全国自然教育网络经过5年时间建立和发展起来的人才培养体系。该培养体系适用于已经处于自然教育行业探索和实践期，或者已经完成了原动力转换、准备进入探索期的行业人员。

这里的行业人员是指，愿意长期投入自然教育实践中的人员，包括各个机构的全职导师、愿意长期参与自然教育活动的兼职人员、长期型志愿者等。当然，人才培养的相关活动，如培训和工作坊，并不仅限于行业人员，所有感兴趣的人员都可参与。2014年，首届全国自然教育论坛召开，开启了中国自然教育行业的交流与合作。近些年，中国自然教育机构呈现井喷式快速发展的态势，自然教育从业人员也迅速多了起来。然而，自然教育人才储备仍不足以支撑行业快速发展的需求，从业人员的能力提升机会也非常有限。

人才是一个行业发展的基础，而我们一直面临着中国自然教育人才总量不足的难题。2015年11月14日，在第二届全国自然教育论坛人才培养分论坛结束后，分论坛召集人和林红（福州乐享自然工作室发起者）组织了一个关于如何促进行业人才培养的闭门会议。会上，伙伴们就自然教育的发展愿景进行了充分的交流和讨论，并确立了建立自然教育人才培养体系的想法。2016年3月，自然教育网络人才培养委员会的前身（以下简称全国自然教育网络人才委员会）——人才培养工作组正式成立，并开始着手构建自然教育人才培养体系和策划自然教育基础培训。发起成员机构包括自然之友·盖娅自然学校、绿色营、中日公益伙伴、乐享自然工作室、小路自然教育中心、一年·四季自然艺术工作室（原艺能·四季自然艺术工作室）、北京灵动自然、鸟兽虫木自然保育中心、云南在地自然教育中心，共9家机构（排名不分先后）。

经过3年多的讨论和实践，全国自然教育网络人才委员会搭建起了自然教育人才培养体系框架。该体系分为培训体系、学员登记体系，以及培训师认证和培养体系。

自然教育导师携手同行

## 一、培训体系

培训体系分为基础培训、中级培训和高级培训3个阶段。

基础培训主要实现从感兴趣的人士向专业人员的转换（专业人员包含志愿者和从业人员）。基础培训由21小时的集中学习和学员自主完成的OJT组成。完成基础培训和OJT学习的从业人员，行业默认其具备独立带领10人左右进行自然体验活动，并能安全、完整地完成一个活动环节的能力，即成为助教导师。

中级培训培养的是具备复杂活动设计和带领能力的专业人员，即自然教育导师。而高级培训则侧重活动的综合管理能力，包含整体协调、团队带领，以及更多元和深入的专业能力，即成为资深自然教育导师。

自然教育基础培训学员登记证

## 二、学员登记体系

从2018年年初第一场培训开始，全国自然教育网络人才委员会就开始收集和登记记录所有培训学员的信息，2020年完成对所有基础培训学员的档案建立工作并登记学员的从业记录。以后，学员档案还将包含学员在全国自然教育网络会员机构实习、研修的工作时长和工作成效记录等信息。

学员登记体系将会随着全国自然教育网络各种培训系统的推进而进行长期的累积性记录，为学员提供行业学习和成长的路径，也为行业内机构提供信息查询的途径。

## 三、培训师认证和培养体系

目前，全国自然教育网络人才委员会建立了基础培训的全国培训师认证体系。第一批认证培训师为完整参与全国自然教育网络人才委员会基础培训开发讨论的9位组员。在初期培训师团队组建后，认证培训师需要经过"见习申请—实习培训师（可配合带领培训）—认证培训师"的路径来完成。

申请见习培训需达到3年以上自然教育全职从业经验，即自然体验活动带领的经验及累计100个小时以上的培训经验，并且参与每年一次的培训师大会和其他培训师学习活动。

至2020年年底，全国自然教育网络培训体系已经完成基础培训的研发和3年的执行工作，共组织了50场基础培训，培训学员约800名；中级培训正在研发中；登记培训师20余位，并有10余位见习申请培训师。基础培训每年稳步增长，逐步培训和培养行业从业人员，覆盖人群也扩展到兼职人员、志愿者等。

CNEN实习培训师珐琅胸章　　　　　　　　CNEN认证培训师珐琅胸章

全国自然教育网络（CNEN）实习培训师、认证培训师徽章

### 四、自然教育基础培训

10位全国自然教育网络人才委员会成员，同时也是10家自然教育机构的负责人，于2016年开始研讨如何构建中国自然教育基础培训体系，并确定以开发一个符合共同价值观的基础培训为人才体系的起点。

持续性的人才培养需要对自然教育的原则、价值观、社会价值有共同的认识。全国自然教育网络人才委员会了解、分析了各成员的成长经历、在自然教育中的职业化路径，并基于此总结了开展自然教育的原则，提出自然教育的发展基础是"生态中心主义"价值观。

经过近3年的探讨与实践，2016年，全国自然教育网络人才委员会开发了一套面向新生从业者与有志于从事自然教育的伙伴的21小时初阶必修课程，其内容涵盖自然教育基础、生态伦理、生态知识、自然观察、自然体验和安全管理共6个方面。自然教育基础培训，希望帮助参与者构架对自然教育的基础认识；了解什么是自然教育，自然教育的价值观、原则以及基本方法；同时，召唤使命感，让更多的人愿意深入学习和实践自然教育与可持续生活方式。

因此，基础培训需要回答关于自然教育最基础的一些问题，比如，自然教育是什么，它有什么原则和目标，与每个人有什么联系；也包含了自然教育中最基本和常用的教育和学习方法，即自然体验和自然观察；同时，也引出关于从业人员可以、应该做什么的讨论和反思。

同时，基础培训还提出了一个很重要的目标：召唤行业伙伴的"使命感"，让大家对自然教育有兴趣、有认识，也愿意投身其中。

基础培训需要遵循体验式学习、安全管理、身正为范三大原则。全国自

自然教育人才培训

然教育网络人才委员会认为，基础培训是一个起点，自然教育因其实践性的特征，还需要大量的实践学习。因此，全国自然教育网络人才委员会也在探讨如何推动行业的联动与合作，推动行业人才研修制度的实施，促进更多的经验和实地学习。

因此，培训目标以及如何达成目标，是基础培训的核心要素，也是培训课程的重中之重。为此，全国自然教育网络人才委员会花了较长的时间来探讨，并在实践的过程中不断修订和完善。事实证明，具备指导性的目标对于培训质量和效果的提升、关键课程的设计都起到了极为重要的作用。

### （一）自然教育导师培养构建及目标分解

为了培养一个合格的自然教育导师，从自然教育导师素质模型出发进行构建，从知识、态度/情感/价值观、技能、意识、行动/参与这5个维度来进行目标的分解，让读者更好地理解培养一个自然教育导师需要达到的要求和目标。

培养一名自然教育导师需达到5个维度的大目标、中目标与小目标如下（表5-1）。

① 知识：体验和学习自然的多样性，理解生态价值观和基础的生态系统知识，认识自然教育的发展历程、使命、原则和重要性，并能了解继续学习的方法。

② 态度/情感/价值观：认为自然是美丽而多样的，认同生态价值观和自然教育原则，认同自然教育的重要性和紧迫性，并愿意采取行动。

③ 技能：能基于本地的自然环境，在理解活动参与者的基础上，运用自然观察、体验和引导或解说的方法，组织小分队安全地开展活动，并能引导成员就活动主题进行思考、分享和讨论。

④ 意识：通过观察、体验来提高学员的生态感知力及洞察力。能感知或发现自然的丰富多样及相互关系，感知人与人之间的多样性及相互关系，理解地球上包括人类在内的所有生命或非生命都是相互关联的，感知或发现人类行为对环境的影响。

⑤ 行动/参与：通过基础培训，参与者能反思现有生活，有意识地践行友善自然的生活方式；满怀希望地、勇敢地站在自然教育的起跑线上。

### (二) 自然教育基础培训的内容

#### 1. 自然教育基础

究竟什么是自然教育？为什么要做自然教育？该做些什么，怎么做？这些都不是教科书式的概念，需要培训师与学员共同思考与探讨。在这个部分，需要深入理解自然教育的目标和社会需求，梳理成长与自然教育的关系，关注三重关系的联结。

#### 2. 生态伦理

如何理解生态伦理？伦理观的出发点和落脚点是什么？如何理解不同文化背景之下的生态观，相关的思考和日常的生活有什么联系？在体验式的授课方式中，获得生态伦理知识，反思人类中心主义价值观，通过学习将生态伦理理念落实到生活中，并通过讨论，分析本土具体案例。

#### 3. 生态知识

如何理解"生态"？作为一名自然教育的从业者为什么要学习生态知识？作为从业基础的生态知识学习和学科学习有何不同？在这一部分，学员将重点学习生态系统运作与自然观察、变化的关联，思考人与自然的关系，为生态伦理的学习作准备。

表5-1 培养一名自然教育导师需达到5个维度的中目标与小目标

| | | 大目标 | 中目标 | 小目标（21小时培训课程） |
|---|---|---|---|---|
| 知识 | | 体验和学习自然的多样性，理解生态价值观和基础的生态系统知识，认识自然教育的发展历程、使命、原则和重要性，并能了解继续学习的方法 | 知道自然教育的定义、历史与相关教育理论 | 理解自然教育的定义、发展历程和多元类型 |
| | | | | 了解《自然教育行业自律公约》，理解自然教育原则和三层关系 |
| | | | | 通过体验了解体验式学习法 |
| | | | 理解自然界中不同层次的多样性，并能发现和说出常见的生物之间、生物与非生物，以及人与自然之间存在的相互影响关系 | 理解生态主义（ECO）和个人主义（EGO）是什么 |
| | | | | 理解生物之间相互关联：如捕食、竞争、寄生、共生等 |
| | | | | 理解最基础的生态知识：物质循环、能量流动、生态关系 |
| | | | | 理解多样性的重要性以及和我们的关联（可以选择从以下层面体现：生态多样性、物种多样性、遗传多样性、文化多样性） |
| | | | | 知道物种的概念 |
| | | | 知道自然观察和自然体验常用基本方法，并且理解它在自然教育中的重要性 | 知道自然观察（五感体验）和自然体验常用基本方法 |
| | | | 理解安全管理的原则、风险及策略 | 理解安全管理的几个原则（弱者原则、海恩法则） |
| | | | | 熟记安全管理实施环节 |
| | | | | 能理解常见风险及应对策略 |
| 态度 情感 价值观 | | 认为自然是美丽而多样的，认同生态价值观和自然教育原则，认同自然教育重要性和紧迫性，并愿意采取行动 | 参与者通过在自然里的一手体验，赞同自然是美而多样的，愿意去探索自然，与自然建立联结 | 提供角色转换的练习，激发同理心，参与者表达出对不同生命或非生命的理解（生态伦理） |
| | | | | 建立与自然的情感联结（会心一笑），欣赏自然的美与多样（感叹）（自然体验） |
| | | | | 发现自然的多样性，理解人与自然的共生关系，激发对自然的好奇心，愿意主动去探索与观察自然（自然观察） |
| | | | 在生活工作中，能分辨出不同的人类活动中体现的生态价值观，并表达出友善自然的行为意愿 | 认同并接纳自己是自然的一部分、在培训中每个人都是平等的，并找到自己和自然的联结（推荐方式：从自然名开始思考自己与自然的关系） |
| | | | | 引导看见不同价值观产生的行为、结果，通过组织辩证讨论，认清人类只是自然中的一部分（生态伦理） |
| | | | | 在安全风险管理过程中，体现出带领者的生态价值观（安全风险管理） |
| | | | 赞同自然教育原则，并承诺未来带活动时尊重自然和人 | 认同、理解"三层关系"，分享对于自己与自然关系的思考（自然教育基础） |

(续)

| | 大目标 | 中目标 | 小目标（21小时培训课程） |
|---|---|---|---|
| 态度<br>情感<br>价值观 | 认为自然是美丽而多样的，认同生态价值观和自然教育原则，认同自然教育重要性和紧迫性，并愿意采取行动 | 赞同自然教育原则，并承诺未来带活动时尊重自然和人 | 在安全风险管理中，体现出对人与自然的尊重（安全风险管理） |
| | | 认同自然教育重要性和紧迫性，并愿意采取行动 | 理解自然教育的使命和意义、重要性，激发对自然教育的热情（自然教育基础） |
| | | | 参与者表达参与自然教育的意向，认同带领者的角色和责任（联结自然与人）（生态伦理） |
| | | | 表达出在生活中友善自然的意愿（生态伦理） |
| | | 认识到安全管理的重要性，并积极面对安全管理 | |
| 技能 | 能基于本地自然环境，在理解活动参与者的基础上，运用自然观察、体验和解说的方法，组织小分队安全地开展活动，并能引导成员就活动主题开展思考、分享和讨论 | 理解环境场域中的自然的特征 | 能观察场域中自然物的特征及相互关系 |
| | | 可以在生活中熟练运用自然观察、自然体验的方法 | 能通过记录的方式整理自然观察的所思、所得 |
| | | | 能和其他人分享自然观察、体验的发现与感受 |
| | | | 掌握2~3种工具进行自然观察，比如，望远镜的使用 |
| | | 能够根据对象特点组织教学，促进参加者主动积极地参与活动 | |
| | | 具备积极的团队协作能力，能与主讲导师相互配合协作 | |
| | | 能够理解机构的安全管理手册，能根据场域进行危险预测，接受过野外急救的安全培训 | |
| | | 根据课程/活动的需要，能够有效管理时间 | 提前到达集合地点 |
| | | | 能够配合活动的节奏管理时间 |
| | | 具备活动复盘、总结能力 | |
| 意识 | 通过观察、体验来提高学员的生态感知力及洞察力 | 感知、发现自然的丰富多样及相互关系 | 通过五感体验或观察能感知或发现自然物的多样（色彩、形态、质感、声音……） |
| | | | 通过五感体验或观察能感知或发现自然界的直接或间接关系（如捕食、竞争、寄生、共生等），以及自然演化、时间的变化。建议有5~10个案例 |
| | | 感知人的多样性及人与人之间的相互关系 | 通过讨论、对话、交流、合作等方式，感知/发现人的视角、个性、价值观等不同 |

(续)

| | 大目标 | 中目标 | 小目标（21小时培训课程） |
|---|---|---|---|
| 意识 | 通过观察、体验来提高学员的生态感知力及洞察力 | 感知人的多样性及人与人之间的相互关系 | 通过讨论、对话、交流、合作等方式，感受到人与人之间多元、平等、互助等关系，以及随着时空变化发生的人与人之间关系的变化 |
| | | 理解地球上包括人类在内的所有生命或非生命都是相互关联的 | 感受到生命与非生命之间多元、平等、共生等关系，以及随着时空变化发生的人与万物之间关系的变化 |
| | | 感知、发现人类行为对环境的影响 | 通过因地制宜、因人而异的方式，使学员感知/发现人类行为对环境的正面/负面影响，如粮食、空气、水、土壤、垃圾等问题 |
| | | 意识到安全很重要，且需要做好安全风险管理 | 可以发现环境中的危险因素 |
| | | | 意识到学习急救知识的重要性 |
| 行动/参与 | 通过基础培训，参与者能反思现有生活，有意识地践行友善自然的生活方式；满怀希望地、勇敢地站在自然教育的起跑线上 | 对人与自然的和谐发展抱有希望 | 以尊重自然为原则，与身边的人分享自然的美好、培训的收获、自然教育理念 |
| | | 思考自己的三层关系 | 打开五感，主动感受身边的自然 |
| | | | 有意识地改善与身边人的沟通方式，增加自己与身边人的互动和分享，改善人与人之间的关系 |
| | | | 觉察意识到自己的真实需求，追求自我的身心平衡 |
| | | 开始践行友善自然的生活方式，并积极主动地做出调整、改变 | 生活方式和消费习惯上，少买少扔、重复利用，减少资源使用（节能减排），购买时主动选择环境友好的产品 |
| | | | 在自然观察活动中，充分体现对人和自然的尊重，有意识地选择以尽量低干扰的方式亲近自然 |
| | | 开始参与自然教育活动 | 积极通过阅读、亲近自然等方式持续自我学习 |
| | | | 积极参与自然教育推广、分享活动；在自然教育机构中实践 |
| | | 签署并遵守《自然教育行业自律公约》 | |

### 4. 自然观察

观察什么？怎么观察？是否要记住很多物种的名字？如何看待知识？又如何获得知识？观察是为了什么？在这个部分，学员要学习为什么做自然观察及观察原则，增加对自然的敏锐度，打开五感，锻炼自己总结分享自然观察经验成果的能力。

闭眼倾听，沉浸式体验，与大自然用心交流

**5. 自然体验**

在自然中举办的活动就是自然体验吗？自然体验只能是带领自然游戏吗？应该带领参与者体验什么？我们又能从体验中收获什么？在这个部分，将学习和理解体验式学习法，并获得亲身的感受，感受人与自然的关系，在自然中获得疗愈力量，并建立在环境中的行为准则。

**6. 安全管理**

在户外组织活动安全风险很大吗？应该如何放下恐惧去理性地规避风险？哪些专业知识是必须的，哪些事前准备是首要的？在这个部分，将带领学员梳理流程管理中的安全与风险管理，以及最容易被忽略的导师心理、情绪与团队人身安全的关系，帮助学员增强意识、破除如履薄冰的恐惧，并分享安全事故的紧急处理方法。

**(三) 自然教育基础培训的收获**

根据全国自然教育网络人才委员会制定的基础培训大纲，培训师会结合现场自然条件以及学员的需求进行适当的调整和安排。

不同场次的培训师有不同的教学风格和特色，但无论哪个场次的培训，学员都将通过3天具体的课程，学习到一个完整的体验式学习的课程设计方法和过程，并能够在课程中收获：

①体验自然的美好，在自然中获得疗愈力量；

②了解自然体验和自然观察常用的基本方法，增加对自然的敏锐度；

③理解自然界中不同层次的多样性，理解常见的生物间、生物与非生物，以及人与自然之间存在的相互关系；

④理解自然教育的目标以及自然教育所应对的社会问题；

⑤提高安全与风险管理意识、放下恐惧、理性规避风险，发现环境中的危险因素，并意识到安全管理的重要性；

⑥对人与自然的和谐发展抱有希望，有意识地开始践行友善自然的生活方式，并了解继续学习的方法。

自然教育导师是一个自然教育行业的基石与灵魂。一个好的自然教育导师，会引领参与者走进自然，体验大自然的美好，认识宇宙万物的运行规律，并用行动来表达自己对自然的深爱。一个好的自然教育导师，会亲身实践自己所倡导的理念和价值观，为参与者树立榜样，成为一盏自然里的"明灯"！然而，自然教育导师的质量和数量一直以来都是自然教育行业面临的最大的挑战，成为制约自然教育行业快速发展的瓶颈。要培养优秀的自然教育导师，并不容易。

一名优秀的自然教育导师不仅要有足够的知识和经验积累，还需要对自然、对自然教育事业持续地保持热情。因此，要想成为一名优秀的自然教育导师，需要内外兼修。一方面修炼"内功"，挖掘内在的更深层次的原动力，并不断提升自己的价值观、提高专业技能；另一方面逐步完善和改进工作技巧和能力，最终，将所有的理念落实到自己的生活实践中，真心实意、身体力行地去实践、去教学、去分享、成为一名合格的甚至优秀的自然教育导师。

沉浸式的自然教育基础培训

基础培训结业的伙伴们,不仅收获了理念、知识、技能,更疗愈了自我

## 座头鲸出水

小艇在海面上随波荡漾,突然间一只座头鲸飞出水面,做了一个360度转体的体操动作,又重重地拍向水面。这种鲸跃的拍击声音,也是座头鲸和同伴沟通的方式之一。

地点/哥斯达黎加　　摄影/羽毛在自然圈

# 参考文献

奥尔多·利奥波德, 1997. 沙乡年鉴[M]. 侯文蕙, 译. 长春: 吉林人民出版社.
鲍小东, 2014. 自然体验师或将成为一个职业[J/OL]. 南方周末. http://www.infzm.com/content/101067?url_type=39&object_type=&pos=1.
陈晨, 王民, 蔚东英, 2005. 环境解说的历史及其理论基础的研究[J]. 环境教育(07): 15-17.
Grazia Borrini-Feyerabend, Nigel Dudley, Tilman Jaege, 等, 2017. IUCN自然保护地治理——从理解到行动[M]. 朱春全, 李叶, 赵云涛, 译. 北京: 中国林业出版社.
亨利·戴维·梭罗, 2006. 瓦尔登湖[M]. 徐迟, 译. 上海: 上海译文出版社.
胡雅滨, 2000. 德国环境教育印象[J]. 生物学通报, 35(10): 30.
花蚀, 2020. 逛动物园是件正经事[M]. 北京: 商务印书馆.
环境友善种子团队, 2017. 课程设计力: 环境教育职人完全攻略[M]. 台北: 华都文化事业有限公司.
黄一峰, 2009. 自然野趣DIY[M]. 台北: 天下文化.
黄一峰, 2013. 自然观察达人养成术[M]. 北京: 中信出版社.
黄宇, 陈泽, 2018. 自然体验学习的源流、内涵和特征[J]. 环境教育(9): 72-75.
黄宇, 谢燕妮, 2017. 自然体验和环境教育[J]. 环境教育(9): 42-25.
霍华德·加德纳, 2017. 多元智能新视野[M]. 沈致隆, 译. 杭州: 浙江人民出版社.
卡森L, 2015. 万物皆奇迹[M]. 王重阳, 译. 北京: 北京大学出版社.
来也旅游规划, 2018. 城市公园作为公共空间, 如何展现城市魅力? [EB/OL]. https://www.sohu.com/a/235713463_447655.
蕾切尔·卡森, 2007. 寂静的春天[M]. 吕瑞兰, 李长生, 译. 上海: 上海译文出版社.
雷切尔·卡森, 2014. 惊奇之心[M]. 王家湘, 译. 北京: 接力出版社.
李妍焱, 2015. 拥有我们自己的自然学校[M]. 北京: 中国环境出版社.
理查德·洛夫, 2014. 林间最后的小孩[M]. 自然之友, 王西敏, 译. 北京: 中国发展出版社.
联合国教科文组织, 1990. 儿童权利公约[EB/OL]. https://www.unicef.org.
刘常富, 李小马, 韩东, 2017. 城市公园可达性研究——方法与关键问题[J]. 生态学报(19): 5381-5390.
刘悦来, 2017. 高密度城市社区花园实施机制探索——以上海创智农园为例[J]. 上海城市规划(2): 29-33.
刘塑懿, 2014. 生态中心主义思想研究述评[D]. 呼和浩特: 内蒙古大学.
墨德瑞特, 2018. 公益组织素质能力库应用手册2.0版[R/OL]. http://www.cfforum.org.cn/Uploads/file/20200430/5eaa8d4e4795d.pdf.
全国自然教育网络, 2019. 自然教育行业自律公约[EB/OL]. http://www.natureeducation.org.cn/web/about/convention?name=公约联署.
全国自然教育网络, 2020. 新型冠状病毒感染的肺炎疫情对中国自然教育行业影响调研报告[R/OL]. https://mp.weixin.qq.com/s/cqhtATJv4Y1wf6AyFSW87w.
芮东莉, 2013. 自然笔记[M]. 北京: 中信出版社.
申思, 1998. 教育的重要宗旨就是培养健全的人格[J]. 洛阳师专学报(04): 92-94.
深圳市城市管理和综合执法局, 2020. 美丽深圳社区共建花园工作手册[EB/OL]. https://wenku.baidu.com/view/f6e4c57c6bdc5022aaea998fcc22bcd126ff42bb.html.
深圳市城市管理和综合执法局, 2020. 自然教育中心建设指引（试行）[EB/OL]. http://cgj.sz.gov.cn/attach-ment/0/679/679686/7776663.pdf.
宋文莉, 2013. 日本自然学校研修故事（三）[EB/OL]. http://blog.sina.com.cn/s/blog_b31740680101apnd.html.
宋文莉, 2013. 日本自然学校研修故事（四）[EB/OL]. http://blog.sina.com.cn/s/blog_b31740680101atmv.html.
唐芳林, 2017. 构建以国家公园为主体的自然保护地体系[N/OL]. https://news.gmw.cn/2017-11/04/content_26695294.htm.
王石英, 蔡强国, 吴淑安, 2004. 美国历史时期沙尘暴的治理及其对我国的借鉴意义[J]. 资源科学, 26(1): 120-128.
文灿, 史鸿基, 2020. 依托"千园之城"打造自然教育之城[N/OL]. https://baijiahao.baidu.com/s?id=1686740654416137263&wfr=spider&for=pc.
小路自然教育中心, 2017. 一份"一小时自然时光"中期报告书[EB/OL]. https://mp.weixin.qq.com/s/-kv5_57yv6FUXnjYKaz7qg.
徐仁修, 2014. 大自然小侦探[M]. 北京: 北京大学出版社.
许世璋, 2005. 影响环境行动者养成的重要生命经验研究——照det终于城乡间世代间之比较[J]. 科学教育学刊, 13(4): 441-463.
闫保华, 2013. 城市中的孩子与自然亲密度调研报告[R/OL]. https://max.book118.com/html/2017/0620/116850641.shtm.
闫淑君, 曹辉, 2018. 城市公园的自然教育功能及其实现途径[J]. 中国园林(05): 48-51.
一诺农旅规划, 2019. 生态农庄的主要功能和市场定位是什么? [EB/OL]. https://kknews.cc/agriculture/j5arqxp.htm.
尹宵鸿, 2020. 城市与山海美景一色! 2020年深圳公园已达1206个[N/OL]. http://gba.china.com.cn/2020-12/31/content_41413206.htm.
雍怡, 2019. 我的野生动物朋友——旗舰物种环境教育课程[M]. 上海: 少年儿童出版社.
袁方正, 2020. 教师必须掌握的10项教学技能[J]. 合肥教育(3): 48.
园林景观设计, 2018. 庭院种菜: 零基础一米菜园打造手册[EB/OL]. https://www.sohu.com/a/271903087_267283.
约瑟夫·克奈尔, 2000. 与孩子共享自然[M]. 叶凡, 刘芸, 译. 天津: 天津教育出版社.
约瑟夫·克奈尔, 2013. 与孩子共享自然[M]. 郝冰, 译. 北京: 中国城市出版社.
云南在地自然教育中心, 2018. 用关键功能分析工具规划你的自然教育基地[EB/OL]. https://mp.weixin.qq.com/s/OUwyf3fFOZPmYK3qT9K9Ug.
张蕙芬, 2009. 自然老师没教的事1: 100堂都会自然课[M]. 台湾: 天下文化.
张腾云, 2020. 能否成就最好的自己, 恒毅力是非常关键的人格特质! [EB/OL]. https://www.chineseherald.co.nz/news/education/zhanglaoshi20200930/.

张笑来，姜斌，2019. 恒毅力养成：针对城市学龄前儿童的一种自然教育[J]. 风景园林，26（10）：40-47.
中共中央办公厅，国务院办公厅，2019. 关于建立以国家公园为主体的自然保护地体系的指导意见[EB/OL]. http://www.gov.cn/zhengce/2019-06/26/content_5403497.htm.
中国大百科全书总委员会《环境科学》委员会，2002. 中国大百科全书：环境科学[M]. 北京：中国大百科全书出版社.
中华人民共和国住房和城乡建设部，2018. 城市绿地分类标准CJJ/T 85-2017 [S].
周儒，2013. 自然是最好的学校——台湾环境教育实践[M]. 上海：上海科学技术出版社.
朱亮，张建萍，2012. 自然保护区环境解说系统评估体系的构建——以北京汉石桥湿地自然保护区为例[J].社会科学家(04): 81-84, 89.
《自然教育在身边》编委会，2021. 自然教育在身边——桃源里自然中心教案集[M]. 杭州：浙江教育出版社.
Adkins, C., Simmons, B., 2002. Outdoor, experiential, and environmental education: Converging or diverging approaches?[J] ERIC Digest, EDO-RC-02-1.
Ajzen I, Fishbein M, 1980. Understanding Attitudes and Predicting Social Behavior[M]. Englewood Cliffs, NJ: Prentice-Hall.
Bloom B S, 1956. Taxonomy of educational objectives: The Classification of Educational Goals, Handbook 1: Cognitive Domain[M]. New York: David Mckay.
Chawla, L., 1998. Significant Life Experiences Revisited: a review of research on sources of environmental sensitivity[J]. Environmental Education Research, 4(4): 369-382.
Chawla, L., Derr, V., 2012. The development of conservation behaviors in childhood and youth[M]. In: S. Clayton: The Oxford handbook of environmental and conservation psychology. New York: Oxford University Press.
Chawla, L.,2015. Benefits of nature contact for children[J]. Journal of Planning Literature, 30(4): 433-452.
Clayton, Susan, Agathe Colléony, Pauline Conversy, Etienne Maclouf, Léo Martin, Ana Cristina Torres, Minh Xuan Truong, Anne Caroline Prévot, 2017. Transformation of experience: toward a new relationship with nature[J]. Conservation Letters, 10(5): 645–651.
Disinger, J. F., Monroe, M. C., 1994. Defining Environmental Education. Workshop Resource Manual[R]. National Consortium for Environmental Education and Training.
Engleson D C, Yockers D H, 1994. A Guide to Curriculum Planning in Environmental Education[M]. Madison, Wisconsin: Wisconsin Department of Public Instruction.
Falk J H, Dierking L D, 2000. Learning from Museums: Visitor Experiences and the Making of Meaning[M]. Walnut Creek, CA: AltaMira.
Ford, P.,1986. Outdoor education: definition and philosophy[M]. Authoring Institution.
Hammerman, D. R., Hammerman, W. M., Hammerman, E. L., 2001. Teaching in the outdoors[M] 5th ed.. Danville, IL: Interstate Publishers.
Jacobson S K, McDuff, M D, Monroe M C, 2006. Conservation Education and Outreach Techniques[M]. New York: Oxford University Press.
Kellert, S., 2012. Building for life: designing and understanding the human-nature connection[M]. Washington DC: Island Press.
Kellert, Stephen R., 2005. Building for Life: Designing and Understanding the Human-nature Connection[M]. Washington, DC: Island.
Kohlstedt, S., 2005. Nature, Not Books: scientists and the origins of the nature‐study movement in the 1890s[J]. Isis, 96(3): 324-352.
Li，Danqing, Jin Chen, 2015. Significant life experiences on the formation of environmental action among Chinese college students[J]. Environmental Education Research, 21: 4, 612-630.
Mayer, F. S.,& Frantz, C. M.,2004. The connectedness to nature scale: A measure of individuals' feeling in community with nature. Journal of Environmental Psychology, 24: 503–515.
McCrea, E. J., 2006. The roots of environmental education: how the past supports the future[J]. Environmental Education and Training Partnership (EETAP), 12: 1-12.
Nisbet, E. K., Zelenski, J. M., & Murphy, S. A., 2011. Happiness is in our nature: exploring nature relatedness as a contributor to subjective well-being. Journal of Happiness Studies, 12: 303–322.
North American Association for Environmental Education, 2005. Environmental Education Materials: Guidelines for Excellence Workbook. Bridging Theory & Practice[M]. GA: Rock Spring.
Nussbaum, M., 2011. Creating Capabilities[M]. Cambridge, Massachusetts; London, England: Harvard University Press. Retrieved February 9, 2021, from http://www.jstor.org/stable/j.ctt2jbt31.
Peterson, N., 1982. Developmental variables affecting environmental sensitivity in professional environmental educators[D]. Carbondale: Southern Illinois University.
Piaget J, 1990.The Child's Conception of the World[M]. New York: Littlefield Adams.
Priest, S., 1986. Redefining outdoor education: a matter of many relationships[J]. Journal of Environmental Education, 17(3): 13-15.
Sen, Amartya, 1993. Capability and Well-Being, the Quality of Life[M]. Oxford: Oxford University Press.
Smith JW., 1960. The Scope of Outdoor Education[CJ]. The Bulletin of the National Association of Secondary School Principals, 44(256): 156-158.
Steele, P., 1986. The International Centre for Conservation Education[J]. Environmental Conservation, 13(2): 174-175.
Tanner, T., 1980. Significant life experiences: a new research area in environmental education[J]. Journal of Environmental Education, 11(4): 20-24.
Tilden F, 1977. Interpreting Our Heritage[M]. 3rd Edition. Chapel Hill, NC: The University of North Carolina Press.
Vygotsky L S, 1978. Mind in Society[M]. Cambridge, MA: Harvard University Press.

# 附录一 常见的自然教育实践案例

# 一、自然保护地的自然教育活动案例

### 1. 案例：保护高黎贡白眉长臂猿——在高黎贡遇见你的"猿"份

(1) 场域背景

高黎贡山国家级自然保护区分布在怒江傈僳族自治州和保山市，其所在山脉经历了多次造山旋回的升降、褶皱、断裂及剥蚀夷平等作用，最终形成高谷深、坡陡流急的高深切割地貌。抬头看，高黎贡山脉有3000~4000米的高度差；南北看，它横跨了5个纬度。巨大的空间差值，造就了这里从南亚热带到寒温带的约14种森林植被类型，以及434种高黎贡山特有的生物种类。丰富的植被类型也造就了丰富的动物类群。在这些动物类群中，有国家一级重点保护野生动物19种，国家二级重点保护野生动物62种。在保护区漫步，就有机会偶遇这里珍稀的动植物，如高黎贡白眉长臂猿、菲氏叶猴、熊猴、黑熊、小熊猫、短尾猴、白鹇、长蕊木兰、红花木莲、桫椤等。

(2) 活动内容

◎ 走进云南高黎贡山国家级自然保护区——百花岭科考中心和高黎贡山自然公园，在原始森林中做自然观察和自然记录。

◎ 在保护区工作人员的带领下，走进高黎贡山，感受自然之美，认知应接不暇的有趣生灵。

◎ 学习红外相机的安装方法和原理，了解动物监测的科学方法，倾听野生动物保育故事。

◎ 向长期驻守在这里的观察者学习生态摄影的方法，追踪长臂猿，并用影像留下回忆，把这份来自自然的爱分享给更多的伙伴。

◎ 鼓励每一位伙伴用自己的方式进行记录，不管是生态摄影还是自然笔记，我们一起分享其中的秘诀。

(3) 活动日程

**D1**

第一天：

到达——下午5点保山或腾冲机场集合，前往高黎贡山自然公园。

相见欢——晚餐后开营仪式，认识我们的伙伴们；初识高黎贡山，《走进高黎贡》室内分享。

**D2**

第二天：

初识高黎贡山自然公园——走进高黎贡，从这里的一草一木、一"萝卜"一条"龙"开始，寻找与认识长臂猿。

生态摄影课堂——做一名小小生态摄影师，学习生态摄影的秘籍；到野外拍摄长臂猿和记录高黎贡山。

保护区监测工作初体验——在保护区工作人员指导下放置红外线相机，了解、体验保护区野生动物调查和监测工作，做一个小小公民科学家。

结缘长臂猿——有关高黎贡白眉长臂猿的室内分享，了解高黎贡白眉长臂猿的保育历程和故事，感受自然保护区里的美与殇。

**D3**

第三天：

追踪长臂猿——跟随树冠精灵的身影，深入原始森林，切身感受它们的生境；

动植物观察与红外相机回收——观察这里的植物，通过红外相机记录的信息了解当地动物，感受高黎贡山特有种的绝美和聪慧；

森林夜观——一起在黑夜探寻昆虫、蜘蛛、两栖爬行动物、夜晚散发出香味的花朵，还有在树上睡觉的伙伴。

**D4**

第四天：

高黎贡山脊徒步——沿着茶马古道，感受立体景观气候带来的一山分四季、十里不同天景象。从高黎贡山保护站穿越到另一个保护站，全程约10千米。

**D5** 第五天：

热带亚热带经济作物研究所的植物聚会——途经热带亚热带经济作物研究所，感受被热带植物包围的乐趣。

百花岭观鸟初体验——前往百花岭，趁着百鸟晚餐之际，来一个黄昏的邂逅。

**D6** 第六天：

百花岭山林徒步——鸟塘观鸟、徒步温泉、野炊。

高黎贡科考故事/生物多样性分享——保护区的工作人员分享他们的故事，一起讨论自然保育的话题。

自然分享会、结营——影像故事分享与告别。

**D7** 第七天：

早餐后，开始自由的自然观察，然后出发去机场，中午12:00到达保山或腾冲机场，或根据航班情况提前送机。

### 2. 案例点评与说明

① 在这个案例中，策划者选用了当地的特色物种——高黎贡白眉长臂猿来作为亮点，吸引参与者的兴趣。

② 及时向参与者提供保护区的背景知识介绍。把保护区景观地貌的特殊性、生物多样性的重要性和物种的丰富性，以及具有特色的本土物种或明星物种罗列出来，让参与者对活动地有一定的了解，可以提高他们参加活动的意愿，并产生期待。

③ 归纳活动特色也很重要，对于设计课程很有帮助。由于保护区的物种太丰富，因此自然观察是整个活动最重要的部分。其次，从保护区的场域特点出发，活动应该和保护区的工作人员有所交集。一些能够让参与者和保护区工作人员一起参与的简单的活动就会非常重要，比如，物种记录、红外相机监测、日常巡护等；还可以让参与者分组讨论一些话题，在这过程中，增加大家的思考。

④ 活动量要适中，交通不能太折腾，一天内徒步距离适度。选择不同的活动路线，或者同一条路线可在不同的时间段进行，会得到不同的收获。

⑤ 在活动设计上，开始的时候需要有一个仪式感较强的开营仪式，让参与者逐渐融入团体中，增加彼此之间的认识。可以让每位参与者取一个和自然相关的名字，作为自己在营期内的称谓。这个小技巧不仅能促进彼此之间的了解，也可以增进彼此之间的信任与友好。活动结束的时候，总结、分享很重要，让每位参与者都有机会表达自己参加活动后的收获与感想。这不仅可

高黎贡自然公园的高黎贡白眉长臂猿

以让彼此之间有更多的了解，还可以通过不同的分享内容，相互影响，丰富大家的体验感受。分享是每一个人最快乐、难忘的高光时刻。

⑥ 在活动内容的安排上，一方面，整体的活动内容设计需要回应主题；另一方面，体验活动和知识性的学习应循序渐进，让参与者的感受从弱到强逐渐提升，最终达到高潮。

⑦ 重视活动的后续影响。生态旅行有一定的体验深度，对参与者的影响最为深刻。一次活动的结束，并不意味着真正的结束，也许是一个新的开始。比如，有一群来自深圳的儿童，他们在参加了一次高黎贡山的生态旅行之后，除了亲眼见到这可爱的森林精灵外，还认识到了高黎贡白眉长臂猿的独特与稀有，了解了大理云山生物多样性保护与研究中心（简称云山保护）等民间环保组织正致力于开展高黎贡白眉长臂猿的保护工作。这些儿童深受感动。他们回到深圳之后，联合起来身体力行地在一些场合进行演讲，呼吁公众保护高黎贡白眉长臂猿。他们还寻找机会重返高黎贡山自然保护区，探访高黎贡白眉长臂猿，做短期义工工作等；还连续几年在腾讯公司主办的99公益日发动身边的同学和朋友，一同为保护高黎贡白眉长臂猿的项目筹款。自然保护的种子和希望，已在他们心中悄然播下。

# 二、城市公园的自然教育活动案例

## (一)综合公园的自然教育活动案例

### 1. 案例：深圳市洪湖公园自然教育活动

(1) 场域背景

洪湖公园是一个以荷花为主题花卉、水面景观为特色，华南地区种植荷花面积最大的湿地公园。公园的园林绿化，从植物造景到落羽杉水体景观，从热带草坪疏林景观到群鹭戏水生态景观，采用传统的造园手法；公园绿地、堤岸、岛屿，也按不同季相，配置春、夏、秋、冬的植物景观。同时，从1989年举办首届荷花展至今，荷花展已经成为洪湖公园的传统，成为一个家喻户晓的传统活动，也是洪湖公园非常重要的生态名片。

2016年，洪湖公园建立了自然教育中心，在深圳红树林基金会（MCF）和深圳绿色基金会的支持下，开展了许多自然教育活动，比如，"荷荷美美""小湿地大生态""湿地艺术家""寻找湿地代言人"等自然教育主题活动。

(2) 活动特色
◎ 自然教育课程融入了有关湿地的自然知识、湿地特色物种等内容。
◎ 自然教育导师队伍主要由受过培训的有经验的志愿者组成。
◎ 活动时长一般设计为2个小时。

(3) 活动内容
洪湖公园根据四季变化开发了不同类型的自然教育课程：从公园的荷花池塘到湿地生态，从湿地底栖生物到湿地鸟类，从水生植物到水质变化监测。通过自然导赏、自然观察、自然笔记、自然嘉年华、荷花节等活动形式，让参与者对城市公园的自然生态有更直观的理解和认识。
◎ 春季课程："小湿地大生态""湿地艺术家""寻找湿地隐秘代言人"。
◎ 夏季课程："荷荷美美""小湿地大生态""湿地艺术家"。
◎ 秋季课程："小湿地大生态""湿地艺术家""寻找湿地隐秘代言人"。

◎ 冬季课程：在候鸟迁徙季节，开展观鸟主题课程。

◎ 其他互动型活动：举行以生物多样性保护和自然教育为主题的公开讲座；举办不同类型的生态摄影展览，如儿童生态摄影展、荷花生态摄影展、生物多样性展览等。

### 2. 案例点评与说明

① 城市公园的自然教育活动属于入门级的自然教育活动，很难让参与者保持长期的参与度。但是，做好入门的基础课程，激发公众对自然的关注却是非常重要的第一步。

② 要做出与众不同的城市公园自然教育活动并不容易，但是如果能好好地挖掘本地特色，并不断地进行内容和形式创新，也能开发出丰富的活动。

③ 在城市公园中开展自然教育活动，具有场地优势，既可以开展室内和户外相结合的小型活动，也可以开展长期性的系列科普讲座，还可以开展大型的主题活动，如地球日活动、世界环境日活动等。

洪湖公园的荷荷美美

## （二）专类公园的自然教育活动案例
### 1. 案例：丰满动物园

（1）场域背景

广州动物园位于广州市越秀区，占地面积0.42平方千米。根据2013年的统计数据，园内收集有来自世界各地的哺乳动物、两栖动物、爬行动物、鸟类和鱼类等450余种动物、4500多个个体，有国家一级重点保护野生动物大熊猫、金丝猴、黑颈鹤、白枕鹤等36种，国家二级重点保护野生动物小熊猫等31种。

近年来，陪伴了几代广州人成长的广州动物园，一直在努力向建设以动物及其生存环境生态化展示的现代动物园的目标前进。动物园内部"丰容"工作的开展以及公众对"丰容"工作的认知度的提高，也成为动物园提高动物福利与公众教育职能的一个重要体现。

"丰容"，其实是一个动物园术语，简单理解，就是使用各种各样的方式去丰富野生动物的生活，让它们在动物园中的生活环境更接近于它们在自然中的生活环境，促进动物展示更多自然行为。丰容大致可以分为物理环境丰容、感知丰容、食物丰容、认知丰容、社群丰容等。

（2）活动特色

◎ 学习关于目标动物的理论知识，包括动物福利、丰容等理论知识。

◎ 和一群志同道合的伙伴一起深入观察动物的生活环境和行为。

◎ 脑洞与动手技能齐开，优化动物丰容设计，并亲手做出情意满满的丰容作品。

◎ 持续关注自己设计制作的丰容作品的后续使用情况，制订维护和更新计划。

◎ 在动物园内或其他地方策划、开展有趣又有料的动物福利宣传活动。

儿童们一起参与动物园丰容的活动

(3) 活动内容

通过调查广州动物园中不同动物展区的丰容情况、动物福利情况等，引导儿童客观、公正地认识和评价动物园的功能和职责，了解野生动物保育现状。鼓励参与者亲自设计、制作丰容作品，并结合调查结果，撰写调查报告，向动物园工作人员和公众分享。

丰容工作室2019春、夏活动具体内容如下。

① 扛锯钉锤钻

风风火火进行完理论学习和方案讨论，在灵长类饲养员们的外挂加持下，终于迎来了丰(搬)容(砖)实践。经过几轮的讨论和预演，最终确定下来如下3个实践项目：

◎ 增加环尾狐猴笼舍可食用植被；

◎ 黑帽卷尾猴笼舍本杰士堆搭建和苏铁种植；

◎ 稻草、吊床、取食器等小物件制作。

② 活动实施

◎ **5月18日 | 环尾狐猴笼舍 | 天气：暴晒**

与爱撕树皮的博士猴和爱挖地的黑帽卷尾猴相比，环尾狐猴真是相对温和了许多，这从它们柔软的指尖、不发达的指甲以及笼舍内生长状态还不错的草皮就能看出来。

第一次丰容实践的方案其实很简单，给环尾狐猴的笼舍种植小蜡绿篱和一株无花果。木犀科女贞属的小蜡是城市中常见的行道灌木，也是包括环尾狐猴在内的许多灵长类动物的日常食物之一。

不过据饲养员一线情报，对一般日常准备的小蜡枝条，不少猴子并不会非常感兴趣。于是，小蜡绿篱的种植正好也能验证一下：这群小猴(挑)猴(剔)到底是对小蜡没有兴趣，还是对小蜡枝条兴致勃勃。

◎ **5月22日 | 黑帽卷尾猴笼舍 | 天气：暴晒**

在这一排排灵长类动物的笼舍中，最引人注目的是黑帽卷尾猴的笼舍——它简直把寸草不生的"荒漠化景观"演绎得淋漓尽致！每只猴都像淘金工人一样，走来走去，刨刨翻翻那已经无比荒凉的土地。

为了让它们可以翻找的区域变得更丰富，也能翻找到更多的小虫子、小草草，大家一致同意增加笼舍绿植和堆建本杰士堆①。

因为具有生态系统完整性、可循环性与建造方法简单的优点，本杰士堆被众多动物园广泛推广与运用。动物们当然也对它爱不释手啦，因为这些不起眼的堆堆里有它们喜欢的小花花、小草草、小虫虫……

苏铁和三角梅是在讨论后选出的2名"对黑帽卷尾猴没有食物安全问题"和"在黑帽卷尾猴手下'可能生还'"的绿植种子选手。相对更强健的苏铁将直接被种植在笼舍的水池边，三角梅则会享受周边搭建的本杰士堆的保护。

---

① 注："本杰士堆(Benjeshecken)"的名字源于从事动物园园林管理的赫尔曼·本杰士、海因里希·本杰士兄弟。这是他们基于野地生存观念和自然演替规律的一项发明。本杰士堆是一个微缩的但功能完善的自然生态环境，它能自主进行循环代谢，并不断生长。

亲子家庭一起动手制作丰容作品

在生物多样性日这天,大家一起给黑帽卷尾淘(强)气(盗)团一毛不拔的荒漠之家制造了一些绿色,以及一堆看上去就让它们爪爪痒痒、欲罢不能的枯木枯枝堆。

一个点子的产生,是从无到有的灵感激发;把这个点子变成可行的方案,需要数次讨论和琢磨;紧接着,将纸上的方案做成实物,还需不断去核对每一个部件与每一种材料。这个过程,是每个伙伴一起讨论、协作来完成的。

一个多月过去了,环尾狐猴笼舍的小蜡群和无花果树依旧坚强地舒展着,猴儿们依旧热衷于每日吃上几把新鲜的小蜡,看上几眼明年才会有的无花果。

一个多月过去了,黑帽卷尾猴笼舍中的本杰士堆里的三角梅被黑帽卷尾猴挖了个底朝天。它们每日对土堆的探索花样真是层出不穷,有了消耗体力和脑力的新方法。坚强的苏铁为笼舍增添植物生机,这让动物园的工作人员十分开心,他们果断运来数棵大苏铁种下,还给猴猴们定制了新的爬架。

**2. 案例点评与说明**

① 动物园教育一直是自然教育中重要的一环，但却因为其自身的特殊性与国内大环境的限制，导致"丰容"这个意义重大的科普内容尚鲜为人知。

② 由于具有便利的场地可达性，在动物园开展自然教育课程的时长可以以半天为主。

③ 动物园的自然教育课程可能会涉及专业性比较强的内容，可以与动物园合作，得到其在专业知识方面的支持，以便把课程办得更好，达到活动目的和效果。

④ 丰容工作室的活动并不是一场"快闪秀"，也绝不可能取代饲养员、保育员们的日常丰容和行为训练工作。

⑤ 我们希望搭建起公众与动物园的桥梁，将公众对动物园的期望传递给动物园一线工作者和管理者，也将动物园积极提高动物福利的努力等展示给公众。

⑥ 丰容小分队的设计和实践能取得成功，离不开动物园的重视和支持。因此，一次活动的成败，除了取决于活动方案的质量、活动执行团队的能力和素质等因素外，还离不开与场域管理者之间良好的合作和互动。

用双手为动物们的生境提供更丰富的内容

# 三、教育型农场的自然教育活动案例

## 1. 案例：田园邦耕读学苑春夏秋冬特色活动

(1) 场域背景

田园邦耕读学苑（以下简称田园邦）是一家以农业生产为主题的自然教育机构，同时也是一个为了自然教育而开展活动的小型农场。田园邦位于广东省惠州市秋长镇周田村四季分享泰康农庄内，是广东非常有名的客家古村落之一，毗邻深圳龙岗。这里群山环抱，森林覆盖率高达80%，涵养的水源形成溪流，常年不息，有水库、瀑布及溪流形成的天然游泳池。农场拥有广阔的农田、菜园、种植园区，以及由村民的农家改造而成的自然教室、宿舍、餐厅。

田园邦致力于分享田园生活，让远离自然的都市人，尤其是儿童，有机会接触农业生产及农村生态环境，了解食物的来源，体验乡间生活，学习乡土手工艺与文化，感受大自然的美好，珍视环境与资源，实践绿色环保生活，拉近人与人、人与自然的关系，让人们在自然中获得滋养和疗愈。

(2) 活动特色

① 5大类型课程：农耕园艺、大地厨房、自然艺术、生态建造、野外生存。

② 与一年四季中的农业生产规律及气候特点紧密结合，开发不同季节下的系列农事课程。

春天的课程：在插秧季节，开展以插秧种稻为主题的课程；结合蔬菜种植节律、采茶炒茶时间等开展应季活动（表1）。

夏天的课程：结合南方早稻收成农事风俗，开展夏季水果丰收、水稻收割、米饼制作等体验活动。夏天南方气候炎热，儿童喜欢在水中嬉戏玩耍，因此，可利用溪流资源，开展捕鱼抓虾、寻泥玩泥的活动（表1）。

秋、冬天的课程：南方的秋季和冬季都可以算是丰收的季节，各种农事体验课程与活动让人应接不暇（表2）。北方的冬季则气候更为寒冷、多冰雪，可以设计一些与冰雪有关的户外体验、习俗体验、大棚蔬菜种植、室内自然创作等活动。

表1 田园邦春夏特色活动

| 序号 | 板块 | 活动 | 内容简介 | 可预约的月份 | | | | |
|---|---|---|---|---|---|---|---|---|
| A1 | 春野系列 | 榨汁熬糖 | 砍甘蔗,榨汁熬糖,做花生糖、棒棒糖(错过了冬末春初,就要到秋天啦) | 3 | 4 | | | |
| A2 | | 果园探蜜 | 探访春天的果园,自然观察,看蜜蜂采蜜,做蜂蜡烛,和养蜂人卖蜜糖 | 3 | 4 | | | |
| A3 | | 植树种果 | 认识当地的亚热带水果,种香蕉、木瓜、百香果、桑葚等 | 3 | 4 | | | |
| A4 | | 采食野菜 | 探访春天的有机农场,漫步田野,采野菜,做野菜饼、糍粑、饺子等美食 | 3 | 4 | 5 | | |
| A5 | | 点瓜种豆 | 春耕犁田,种花生、黄豆、玉米 | 3 | 4 | | | |
| A6 | | 插秧种稻 | 了解有机水稻的种植,学习水稻的播种及插秧,把祖传的老品种种下去 | | 4 | 5 | 6 | 7 | 8 |
| A7 | | 采茶炒茶 | 采客家山茶,学炒茶,品茶,了解茶文化 | | 4 | 5 | 6 | | |
| A8 | | 香草课堂 | 识别香草,学习香草的妙用,泡香草茶,做香草饼干,扦插育苗,种香草盆栽 | | 4 | 5 | 6 | 7 | 8 |
| A9 | | 古村仿药 | 认识客家人常用的草药,上山下田采草药、煲凉茶 | | 4 | 5 | 6 | 7 | 8 |
| A10 | 夏趣系列 | 捕鱼摸虾 | 学习古村传统的捕鱼方法,捕鱼还能顺便收获虾、田螺、坑螺、蚬和蚌等 | | | 5 | 6 | 7 | 8 |
| A11 | | 寻泥玩泥 | 到小溪边寻找黏土挖回来,做泥塑创作,一享玩泥的乐趣 | | | 5 | 6 | 7 | 8 |
| A12 | | 山泉游泳 | 到村中天然山泉水瀑布溪流修筑而成的游泳池游泳 | | | 5 | 6 | 7 | 8 |
| A13 | | 采果做脯 | 采黄皮果、荔枝、龙眼,古法加工黄皮果脯,晒荔枝干、龙眼干 | | | | 6 | 7 | 8 |
| A14 | | 提取精油 | 认识当地芳香植物,采集提取植物精油,做天然驱蚊油 | | | | 6 | 7 | 8 |
| A15 | | 收割水稻 | 割稻子,打谷子,做米饼,玩稻草编织 | | | | | 7 | 8 |

表2 田园邦秋冬特色活动

| 主题时间 | 农耕园艺 | 应季美食 | 乡土手艺 | 文化艺术 |
| --- | --- | --- | --- | --- |
| **秋种迎新生**<br>秋分<br>9.23~24 | 播种<br>扦插育苗 | 手工中秋月饼 | 造移动鸡舍<br>孵小鸡 | 与之相关的诗词、故事、戏剧、歌谣、游戏也将伴随我们 |
| **秋果做酱香又甜**<br>寒露<br>10.14~15 | 采洛神花果<br>拾乌榄 | 洛神花蜜饯<br>乌榄酱 | 植物染<br>秋叶染秋衣 | |
| **阳台农场行动**<br>霜降<br>10.28~29 | 移植菜苗<br>种草莓、土豆 | 田园色拉 | 变废为宝<br>创意盆栽 | |
| **厨余变黄金**<br>立冬<br>11.11~12 | 堆肥 | 披萨 | 在家堆肥术 | |
| **收稻子庆丰收**<br>小雪<br>11.25~26 | 收稻子<br>打谷子 | 打米饼 | 草编工艺 | |
| **榨汁熬糖尝原味**<br>大雪<br>12.9~10 | 砍甘蔗<br>榨汁 | 做花生糖<br>棒棒糖 | 手工香皂 | |
| **果园修枝玩木工**<br>冬至<br>12.23~24 | 修剪果树 | 窑鸡 | 自制圣诞树 | |
| **挖红薯做粉条**<br>小寒<br>1.6~7 | 收获红薯 | 红薯饼<br>红薯粉条 | 做鸟笛 | |

注：主题选择临近二十四节气地周末时间开展，以2017年为例。

(3) 活动内容

以清明田园生活亲子营为例。

清明前后，点瓜种豆，农夫们春耕忙，我们也循着春天的脚步来插秧种稻吧！

田里的野菜种类繁多，甜嫩鲜美，营养丰富。我们踏青采野菜去吧，然后再用它们做饼、打粑、包饺子……

果园里的龙眼花、荔枝花正在盛开，成千上万的蜜蜂在花间穿梭采蜜。你想知道蜜蜂王国里的秘密吗？

诚邀您和儿童一同体验乡间耕食的乐趣，过一个欢乐、充实、有意义的田园假期。

① 主要活动内容

◎ 水稻盆栽，稻田插秧

在家也可以种水稻，你想试试吗？让儿童观察水稻的成长，让水稻成为家中的风景。

◎ 探访夜间小精灵

田园里住着哪些小精灵，你知道吗？夜间的田园充满神秘，我们一起去探访，来一次自然夜观吧！

◎ 乡间漫步采野菜

春天的野菜最鲜美，谁都无法抵挡它们的诱惑。乡间踏青，认识野花野草，采摘时令春菜。这里到处都是野菜的踪影，百花菜、九肝菜、马齿苋、野葛菜、艾草、蕨菜……

◎ 香草课堂

香草在生活中有很多妙用，在田园邦的房前屋后，生长着各种各样的香草植物。让我们打开五感，全方位去认识这些植物朋友吧！

◎ 大地厨房

时令小吃——打野菜粑，炭烤香草面包。

田园滋味——磨豆浆，蒸肠粉。

◎ 星光篝火晚会

劳作一天后，围着篝火，来点田园间的娱乐吧！

◎ 果园采蜜

探访春天的果园，观察蜜蜂采蜜，和养蜂人一起采收蜂蜜。

② 活动日程

◎ 4月3日

15：00　相聚田园

15：30　水稻盆栽，稻田插秧

18：00　田园晚餐

19：00　探访夜间小精灵

◎ 4月4日

8：00　田园早餐

8：45　晨圈、游戏

9：00　乡间漫步采野菜、香草课堂

12：00　田园午餐

13:30　　民宿午休

15:00　　大地厨房

19:00　　星光篝火晚会

◎ 4月5日

8:00　　田园早餐

8:45　　晨圈、游戏

9:00　　果园采蜜

11:30　　回顾分享

12:15　　田园午餐

13:30　　暂别田园

**2. 案例点评与说明**

① 教育型农场的场地选址需要选择在原生环境比较好的地方，避免受到农药、化肥等污染，保持土地的原生态，才有可能把有机农业、朴门生态的理念和实践结合起来。农场的水源最好来自天然的河流或者地下泉涌，这不仅能让农场中的农作物更健康地生长，对周边的生态环境以及生活在其中的动植物来说也很重要。

② 田园邦强调，开展活动要尊重自然规律，在相应的季节开展合适的活动，不能为了取悦访客而影响了自身理念的传播。比如，在种秧苗的活动中，不能够为了让更多人做活动，把前一批人种的秧苗拔下来，让第二批人再去种。

# 四、自然学校的自然教育活动案例

## 1. 案例：云南在地·石城自然学校

(1)场域背景

在地·石城自然学校是一所集自然体验、自然游戏、体验式园艺、生活教育为主题的自然学校。它根植于大自然，以花草、泥土、云朵为教材，以树林、岩壁、洞穴为教室。该自然学校位于石城国家地质公园内，占地0.17平方千米，具有丰富的古地质学教学资源、丰富的生物多样性以及滇池周边社区文化的特性。在这里，儿童不仅可以亲近自然，还可以结合社区，探索自然环境与社区的关系。

石城自然学校

自然学校的理念：我们希望送给儿童5件礼物——自然、生命力、伙伴、社区和美。

活动条件：功能分区的教室、阅读室、木工教室、山林宿舍、农田、生态种植农田果园、兼顾食育功能的厨房、室外柴烧窑、地质资源丰富的地质公园、天然露营地、荒野游乐园、荒野草地和森林、可持续生活主题环保装置（可以自主处理污水的人工湿地，有垃圾分类系统和堆肥区）等。

自然课程的延展：除了自然体验、自然游戏等活动，自然学校还通过建设"零废弃"校园，课程与朴门园艺结合，手作步道、无痕山林（LNT）等不同理念和方法的结合，延展成为一个行业基地营造和课程设计的典范。

活动场地的延伸：自然学校的课程和活动从自然学校内延伸到海口周边的山野，开展探洞、登山、露营、骑行、海洋舟等活动和课程，还有的活动延伸到在地自然的咕噜森林幼儿园，与咕噜森林幼儿园形成联合互动。

自然教育实践：垃圾分类、厨余堆肥、废水循环处理、对环境友好的生活方式等。

服务对象：除了面向城市儿童和家庭开展教育活动，还会定期为周边社区儿童、家庭和其他有需要的人群提供学习、体验的机会。

(2) 活动内容

主要开设自然体验活动和生活教育活动，前者以"重建儿童与大地联系"为目标，后者探讨我们的行为如何影响和改变环境（图1）。在这里，参与者学习在自然中的生存术——生火、做饭与耕种；学习与自然的相处术——理解、珍惜与友爱。

① 自然观察探索

有趣的定向式主题自然探索、不同难度的地图，会让自然观察探索格外有趣。

16方不同天地的自然观察主题课程模块：3场不一样的夜观活动（从蛙到星空）、9场自然探索活动（春、夏、秋、冬、花、鸟不缺）、3场地质主题学习探索、1场鸟类主题活动，以及一年四季均有的自然笔记活动。

② 农耕园艺

主题式的香草花园、蜜源植物区，应季的水果蔬菜，堆肥施肥，除草浇水，修枝堆柴，这些既是自然学校里生活的一部分，也是参与者可以学习的重要内容。

图1 在地·石城自然学校的自然教育活动内容体系

③ 山野达人

5个不同难度的攀岩线路；5种不同难度和体验内容的探洞活动；3种根据荒野程度不同而划分的不同难度的露营地；6条不同长度和难度的徒步/登山路线；专业的海洋舟水上体验活动。无论对成人还是儿童来说，以上活动都能非常好地锻炼其个人技能和生存能力，也是他们跟自然非常直接地建立联结的方式。

④ 自然手作和建造

手作的目的不仅仅是为了做一件东西，而是在完成手作的过程中，建立起自然教育所提倡的人与自然、人与人、人与自己的3种关系。从认识手作所使用的材料的源头到与他人的合作，再到在自我沉浸中认识和发现自己。在地·石城自然学校主要的自然手作和建造课程如下。

A. 木工系列：28个小课堂，按难易程度分为入门、初级、中级。

B. 手工陶：从去山上认识土开始，到用柴烧窑烧出一个专属的器物。

C. 植物染系列：春天的紫茎泽兰，秋天的核桃皮、板栗壳，厨房剩余的洋葱皮，自然里的色彩和染料无处不在，手帕、布包、褪色的体恤，都可以焕然一新。

D. 废物再造系列：废油做皂，纸浆画，废纸再造等。

E. 自然物创意手作系列：树叶的叶脉，植物的颜色，植物掉落的各种枯物，可以发挥无限创意，进行无数艺术的创造。

F. 自然学校建造系列：一起共建儿童的荒野游乐园，一起劈柴、整理柴堆，一起修补秋千上的木板……敲敲打打，修修补补，一起共建与儿童共享自然和快乐的家园等活动。

⑤ 食育课堂

一场菜市场里的自然课，二十四节气时令果蔬，完成从土地到餐桌的循环；食育课不只是厨艺课，而是重启对生活的觉知的一扇大门。

所有课程的时长均可定制，如半天、一天或一周。

## 2. 案例点评与说明

在地·石城自然学校是一所开展综合性自然教育课程与活动的大课堂。所有课程、活动的设计和带领都可以遵循教授知识（理解）、触动心灵（情感）、服务社区（行动）这3个层次来进行。在地·石城自然学校本着"生活是一切知识和概念最大的践行空间"的理念，通过注重本地化、生活化，以及与四季变化呼应的课程和活动设置，力求打破城市生活与自然的界限，带给参与者最亲切的活动体验。

# 五、城市社区绿地的自然教育活动案例

## （一）一般城市社区绿地的自然教育活动案例
### 1. 案例：一小时自然时光

（1）场域背景

为了实现在家门口体验自然，让自然成为一种生活方式，小路自然教育中心在上海等城市的社区发起了"一小时自然时光"活动。其目的是让社区儿童在下午放学后，就能在社区绿地进行自然观察、自然体验，收获愉快的"一小时自然时光"，在心中播下热爱大自然的种子。这样的活动，不仅能让自然伴随儿童的成长，帮助他们建立对土地和生命的情感，还能让儿童拥有和小伙伴一起在自然中玩耍的美好记忆，帮助他们养成分享、合作、互帮互助等良好品格。除此之外，自然教育活动也有助于社区居民之间建立连接和增加沟通交流，发现社区生活的乐趣，体验社区的美好，并把自然作为生活的一部分。

"一小时自然时光"的基础课程从自然观察开始，鼓励参与者从社区植物、鸟类、昆虫、土壤、水环境、动物、餐桌上的食材，到社区垃圾、废物利用等多方面去了解社区的自然环境与生活设施。进阶课程则从探索发现开始，鼓励参与者深入了解社区的自然，从守护自然到参与社区的设计和建设活动。通过这样的系列活动，社区居民可以加深自己对社区的认识与认同。

（2）活动特色

◎ "一小时自然时光"强调一个小时的自然教育活动时间，活动地点易达，儿童在放学之后便可参与活动。

◎ 该活动从人与自然、人与人的关系出发，鼓励参与者探索身边的自然，加深居民对自然的了解和认识。

◎ 活动形式丰富，涵盖了自然体验、自然游戏、自然观察、自然创作等形式。

◎ 以儿童为主要活动对象，关注儿童健康。

（3）活动内容

"一小时自然时光"融合了自然观察、自然游戏、自然笔记、自然艺术等活动形式，其相应活动内容如图2所示。

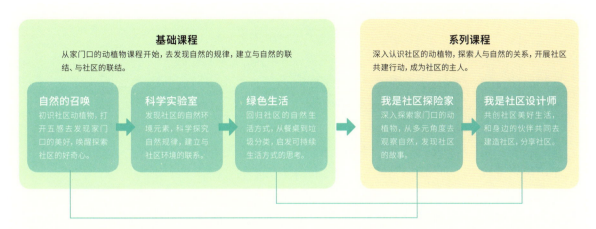

课程标签：植物、鸟类、昆虫、土壤、水、餐桌、垃圾
课程教学方法：自然观察、体验探索、自然记录、实践行动

《一小时自然时光教学指导用书》立足社区，设计出的课程主要面向4～6岁的亲子家庭、7～12岁单独的孩子，每次课程时长1小时。本书一共分为5个章节，24个课程详案，系统地引导孩子们在社区中观察探索家门口的自然。本书采用了小路最常用的why-how-what设计方法，结合课程全流程服务设计，整体课程与每次课程都运用了体验式学习法与心流学习法，层层递进。

图2 《一小时自然时光教学指导书》图解

下面，以"一小时自然时光"网络的"跟着种子去旅行"课程为例讲述活动内容。

① 活动步骤

很多小朋友可能开始对这些自然"宝物"产生很大的兴趣了，并想要收集更多的种子，在家里建造一个属于自己的"种子博物馆"。

那么，我们应该如何收集种子呢？

第一步：慎重筛选

在城市绿地或郊区山野中捡拾种子的时候，为了能够长久保存，应尽量选择那些看起来完整的好的种子，避免捡拾腐烂、发霉的种子，且要适量，不要造成浪费。

第二步：细心整理

将种子带回家后，需要对种子进行整理、清洁、干燥。

在干燥种子前，可以用软毛刷子将种子外部刷一刷，清除上面的泥土、虫卵,并仔细检查种子里面是否有虫子寄生。

接下来便是将种子进行自然阴干。从野外带回的种子通常含有水分,时间一长便容易发霉、腐烂,而强烈的日晒容易让种子变质破碎,因此最好将种子放在通风、干燥、阴凉处自然干燥。

第三步:选择装盒

收集种子的最后一个步骤是装盒,绝对不能马虎。我们需要找到合适的容器把整理过后的种子装起来,进行长久保存。在存放种子时,玻璃瓶是个不错的选择。它们既具有很好的密封性,又便于观察和展示。

在小说《少年小树之歌》里,主角小树的奶奶说:"当你遇见了美好的事物,就要把它分享给你四周的人。这样,美好的事物才能在这世界上自由自在地传播开来!"我们也可以把自己收集到的种子,展示分享给别人。

② 一些思考

◎ 收集种子时,是从植物上摘下来,还是从地上捡拾已经掉落的种子?

建议大家捡拾掉落在地上的种子。因为这些种子大多已经被不同程度地自然干燥过了,可以省去我们很多的麻烦,也能最大程度地保留其自然状态。通常来说,种子成熟之后便要离开植物,所以捡拾已经掉落的种子能尽量减少对植物的伤害,也能让我们更便捷地获得种子。

◎ 收集种子时需要用到哪些工具

a. 采集袋(如自封袋,并注意准备一些不同尺寸的袋子);

b. 有盖的透明瓶子(既能很好地保护种子,又方便展示);

c. 尖头镊子、软毛刷子(用来清理种子);

d. 废报纸等(用来包种子或者剪成小纸条作标签);

e. 干燥剂(老手适用!)。

◎ 收集种子有什么意义?

收集种子其实是一种亲近自然的方式,同时收集本身也是一种巨大的乐趣。容器中形态各异的种子,就像一件件精美的艺术品。

## 2. 案例点评与说明

① 社区绿地的自然教育强调的是与日常生活相结合的自然教育。从家门口的自然观察,到自然物收集,都让我们与身边的自然紧密地联系了起来。

② 社区绿地的自然教育为儿童提供了自然体验、自然观察机会。他们可以将从中学到的观察方法运用到其他场域中,随时随地观察自然、了解自然、学习自然。

## (二) 社区花园的自然教育活动案例

### 1. 案例：上海创智农园

(1) 场域背景

上海创智农园位于上海市杨浦区创智天地园区，占地面积2200平方米，为街角绿地。这里原先是一块废弃了13年的公共活动空间，在几个被围墙隔开的小区之间。当时，附近小区居民提议对这块荒地进行改造。

2016年，来自自然教育机构四叶草堂的设计师团队对创智农园的环境进行改造和再利用。他们通过参与性的景观营造方式，构建了充满互动性的都市农园空间，并结合驻地营造的理念，提出了社区营造工作站、创智农园社区共建群等居民互动合作的组织运营方式。目前，创智农园是上海第一个在开放绿地中的社区花园，也是唯一以生态环保和都市农耕体验为主题的社区花园公共绿地。

(2) 活动特色

① 互动性的空间景观营造

在改造创智农园时，设计师十分注重通过空间设计来提升参与性和互动性，打通了其原先隔离、断裂的状态。在道路设计时，除了主路以外，设计师还设计了很多小径供居民穿行，增加趣味性和灵活性。在进行植物景观设计时，设计师选取了互动性较好的植物，让居民可以通过闻味道、触摸、种植、采摘、食用等方式来获得丰富的体验。同时，他们还营造生境，不断提高其中的生物多样性，通过本土植物吸引蛙、蜻蜓、鸟类等动物来定居，促进植物和动物的互动。

社区居民在社区花园中参与种植、维护并分享收获

② 参与性的自然活动课堂

创智农园成了一片开放的绿地，有步道、有菜园、有景观，还有供亲子活动的树皮软木坑和沙坑。这里有用集装箱改造成的室内交流空间，并被用来举办专业沙龙、趣味讲座、手作工坊等丰富的活动，吸引了教师、学生、学者、艺术家、普通居民等各类人群的参与。

针对不同人群的特征，创智农园发起了儿童团、妈妈团、读书会、花友会等活动小组，并不定期举办夏令营、种植采摘等类型丰富的活动，不断促进人与自然的联结、人与人的互动。

③ 社群性的驻地营造管理

创智农园是一个富有活力的空间，是一个周边不同小区居民集合互动的社区。最先，组织者通过在自然教室、睦邻中心等门口张贴活动海报，在网络上宣传活动信息等方式来吸引参与者。后来，逐渐形成了社区营造工作站，并在网络上构建创智农园社区共建群，通过线下发布、网络社群宣传等方式来组织居民活动。这不断激发了居民的热情，更多的居民参与到活动的组织和管理中来。他们还尝试招募志愿者，为居民提供更好的服务。

儿童也是社区花园重要的参与体验者

(3) 活动内容

下面，以五一农园独立营招募活动——化身"湿地修复师"，召回正在消失的蛙们为例，介绍上海创智农园的自然教育活动。

活动背景：这次让我们把目光放到生态湿地上，儿童用自己的双手，一步一步修复城市中的生态湿地，让正在消失的"蛙"重获生机！除了湿地修复之外，还有以往的植物辨识，采摘作物，自制野菜饭团，品尝自然之味；还可以发挥创意装扮生态湿地，让它吸引更多小动物的拜访！在任务卡引导下探索农园，还有各种各样有趣的游戏等着你！与自然深度接触，陷入春天！

活动对象：6~12岁儿童。

活动人数：每期10人成团，20人满额。

活动内容：

◎ 识别春季常见植物，采摘野菜，自制饭团

不出远门，身边的一草一木，一虫一鸟，都是自然里的"教材"。春光烂漫，植物肆意生长，儿童在田间辨识野菜，邂逅新生命。华东地区春季常见蔬菜又有哪些？跟着导师来一场植物之旅，让儿童从此不再"五谷不分"！儿童还可以化身小考官，回家考考爸爸妈妈对植物有多了解。用植物制作饭团的传统由来已久，用植物的清新冲散冬日的沉闷，春天的气息仿佛也一起咽下。

◎ 迷你生态保护区之湿地修复师

在创智农园的沪野园内有一个小型生态湿地。由于冬天干旱缺水，该生态湿地逐步被野生植物侵占，附近的小动物也缺少了水源。清理杂草，设计湿地布局，和小伙伴们同心协力修复生态湿地，为正在消失的蛙提供生存繁衍的空间；设计悬挂标志牌，向来来往往的居民进行宣传，号召大家一起保护这方小天地。

◎ 趣味运动会

儿童自制的游戏场，阡陌交通的诗经花园，鲜花盛放的蝴蝶花园……在美景中与小伙伴们来一场"追逐战"，化身小蝴蝶模拟昆虫传粉游戏……

◎ 通过任务卡引导探索农园

你知道蝴蝶是怎么吸食花蜜的吗？你知道入侵植物都有哪些危害吗？跟随任务卡的引导，完成任务的同时增加博物知识，和小伙伴一起探索神奇的都市花园！

活动安排:

09:30~10:00 签到;

10:00~10:20 开营,破冰;

10:20~11:00 识别春季常见植物,采摘可食野菜;

11:00~12:00 自制野菜饭团;

12:00~13:00 营养午餐+休息;

13:00~14:30 打造沪野园迷你生态湿地;

14:30~15:30 趣味运动会;

15:30~16:00 活动结束,分享一天感想;和小伙伴说再见。

**2. 案例点评与说明**

① 在社区花园中开展的自然教育活动,注重社区居民的参与。激发社区居民的参与度和持续性对成功开展社区花园自然教育来说十分重要。

② 除了农业主题,社区花园的活动也可以有以二十四节气为主题的活动。二十四节气中蕴含的自然科学知识与我们的日常生活息息相关。以二十四节气为主题的活动,可以以二十四节气的时间节律来开展与农事等相关的体验式活动,让参与者发现身边自然的秘密,重拾人与自然之间的紧密联结。

儿童通过一起协作完成任务卡"探秘社区花园"

# 附录二 自然教育课程案例——纸鸟巡游

| 课程名称 | 纸鸟巡游《自然教育在身边》编委会，2021） |
|---|---|
| 设计者 | 桃源里自然中心 邱文晖 |
| 课程简介 | 我们身边除了能听见和看见的小鸟之外，还隐藏着很多听不见和看不见的小鸟哦！一起为鸟儿寻找生存所需的自然物和环境，请这些小鸟们现出原形 |
| 课程目标 | 1. 了解鸟类羽毛、喙和爪子的外形特征与其习性的关系；<br>2. 能够清晰地表达鸟类外形特征和生存环境的联系；<br>3. 通过团队协作来共同完成任务，培养合作意识 |
| 教学对象 | 小学及以上 |
| 课程时间 |  |
| 课程内容 | |

| 时间 | 单元名称 | 内容 |
|---|---|---|
| 10分钟 | 认识伙伴 | 介绍自己或自然名 |
| 5分钟 | 初识纸鸟 | 初见纸鸟，安排任务，安全提示 |
| 35分钟 | 纸鸟巡游 | 为纸鸟寻找它需要的自然物和环境 |
| 20分钟 | 纸鸟现形 | 推测纸鸟身体部位模样并画出来 |
| 10分钟 | 组内分享 | 小组成员之间分享各自纸鸟的样子 |
| 10分钟 | 分享总结 | 分享活动感受与道别 |

## 单元一：认识伙伴

单元目标：认识伙伴。

教学场地：可以围圈的地方。

课程时间：10分钟。

教学器材：无。

教学流程：请参与者围成圈，介绍自己或者自己的自然名，也可以两方面都介绍。

【注】1. 自然名指的是用动植物或自然现象为自己取名，可以是自己熟悉的、印象深的或对自己有特别意义的；2. 此环节没有规定的流程，可结合游戏让参与者相互熟悉，比如，团建小游戏。

### 单元二：初识纸鸟

单元目标：引入主题。

教学场地：可以围圈的地方（鸟类比较活跃的地方最佳）。

课程时间：5分钟。

教学器材：纸鸟单（见本课程附件1）。

教学流程：请参与者分享自己都见过什么鸟，引出：我们周边其实还有好多我们听不见和看不见的鸟儿。协助员展示纸鸟单：纸上这只鸟，能看出来它长什么样吗？我们可以请它现形，但它的条件是：①帮它捡一些吃的和用来做窝的材料；②帮它找一个地方，要有吃的喝的，可以玩耍、飞翔、找伴侣、生育鸟宝宝。

### 单元三：纸鸟巡游

单元目标：探索适合鸟类的环境。

教学场地：同单元二。

课程时间：35分钟。

教学器材：任务卡（见本课程附件2）。

教学流程：分发任务卡，说好集合时间和地点后，让参与者到周边寻找纸鸟需要的东西：①帮它捡一些吃的和用来做窝的材料，不用太多，一只手能拿着【记得是捡，不是摘】；②帮它找一个地方，要有吃的喝的，可以玩耍、飞翔、找伴侣、生育鸟宝宝。找到以后要记住这个地方是什么样子的。

20分钟之后集合，请各组分享找到了什么。分享完成之后，问参加者如何处理手中捡到的自然物。（把自然物放回到原来的环境中。）

### 单元四：纸鸟现形

单元目标：探索鸟类长相与环境之间的关系，认识鸟的身体部位及其功能。

教学场地：方便画画的地方。

课程时间：20分钟。

教学器材：彩笔、写字板、纸鸟单、现形卡（见课程附件3）、参考图（见课程附件4）。

教学流程：请参与者结合巡游期间捡到的自然物以及环境，结合下面的"现形提示"，在纸鸟单上画出他们心目中的鸟儿模样并为它取个名字。如需帮助，可以看看参考图。

【注】提醒参与者按照下面要求和自己的想象推理去画，不要查阅和参考现有鸟类照片。

1. 要吃这些东西，我的嘴应该长成什么样子？

2. 要用这些材料做窝，我需要用到哪些身体部位？这些部位应该长成什么样子？

3. 吃这些东西、用这些材料做窝、在你找的地方站立和行走，我的爪子应该长成什么样？

4. 在你找到的地方生活，我的身体应该有哪些颜色？这些颜色在身体的什么地方？

5. 在那儿自由飞翔，我的翅膀应该长成什么样子？

6. 为了吸引伴侣，我应该长成什么样子？

### 单元五：组内分享

单元目标：小组之间分享和互相学习。

教学场地：同单元二。

课程时间：10分钟。

教学器材：参与者画好的纸鸟单。

教学流程：请参与者围成圈，拿着画好的纸鸟单，分享自己还原的鸟儿叫什么名，各个身体部位是什么样的，为什么长这样。

【注】请参与者把用完的自然物放回它们所在环境中，不要带走。

### 单元六：分享总结

单元目标：回顾总结；与伙伴道别

教学场地：同单元二。

课程时间：10分钟。

教学器材：无。

教学流程：请参与者围成圈，分享活动感受以及道别。

【注】此环节也没有规定的流程，可结合一些有助于鼓励参与者发言的小游戏、道具或方法。

**附件1: 纸鸟单**

纸鸟单

想知道我长什么样子吗?
先帮我找到我需要的东西吧!

**附件2: 任务卡**

1. 帮我 **捡** 一些吃的和用来做窝的材料好吗?(不能摘,只能捡哦!)
2. 帮我找一个地方好吗?那个地方要可以让我玩耍、飞翔、找伴侣、生育鸟宝宝。找到以后请你用聪明的脑袋记住它。

**附件3: 现形卡**

1. 为了吃这些东西、用这些材料做窝,我的嘴应该长成什么样子?
2. 为了吃这些东西、做窝、在你找的地方站立走,我的爪子应该长成什么样子?
3. 为了在你帮我找的地方生活,不被天敌发现,我的身体应该有哪些颜色?
4. 为了在你帮我找的地方自由飞翔,我的翅膀应该长成什么样子?
5. 为了吸引伴侣,我还需要什么颜色和装扮?

**附件4: 参考图**

鸟的爪子和翅膀

在烂泥上行走　　牢牢抓住猎物　　又长又窄,特别是利用气流,不用拍动翅膀就能滑翔高飞。

牢牢抓住树枝　　在树上垂直行走　　翅膀中等长度,较窄,善于保持飞翔速度。

方便划水　　在树上灵活跳跃　　又长又宽,翅膀末端有叉开的长羽毛,长羽毛间的空隙帮助鸟儿在没有稳定气流的情况下,利用上升的热气滑翔高飞。

翅膀较小,飞翔灵活,能在空中悬停。

在大自然中,鸟儿的爪子种类和翅膀种类还不止这些呢。发挥你的想象力,想想还可能有哪些种类吧!

鸟的喙

方便撕肉　　方便捕鱼　　方便吃果子和种子　　方便扫食水中食物　　方便吸食花蜜

## 四川王朗国家级自然保护区

四川王朗国家级自然保护区里有一片最好的原始森林，也是保护区与北京大学进行长期科学监测的大样地。在夏季最美好的季节，大地一片翠绿，我用无人机俯瞰拍摄了这片森林。

地点/四川王朗国家级自然保护区　　摄影/董磊

# 后记

这本书从2020年2月筹划到现在已经过去一年多了。参与书稿编辑委员会的工作，是我工作以来感觉最具挑战性的一项任务，从统稿到写稿，要把经验转化成书稿文字，让读者能更好地理解和阅读，实属不易。前期工作基本上是每周一次讨论会，几位作者和编辑一起讨论书稿的目录、结构、内容、分工，常常讨论了几轮，又被打回原形，拟定好的目录，又被推翻重新来过。自然教育没有太多前人的经验可以借鉴，就我们现有的经验总结和认识水平，又总担心缺少理论研究，缺乏理论支撑，不敢轻易下定论。每位作者、老师都有丰富的经验，有自己不同的专业背景、不同的理解与认识，但要汇聚所有人的智慧与共识，并不是一件容易的事情。自然教育，百花齐放，想要真正做好系统的、全面的经验整理和干货分享，亦是一件很大的工程，面临很多的挑战，因为每一个内容分支都可以做到很极致、很专业。但是，这本书能汇聚到几位资深作者的思考、智慧与专长，亦是非常难能可贵，在自然教育行业中也可能寥寥无几。

除了在内容上的专业性，撰写书籍本身也是一项专业的活儿。资深编辑在撰写前期就千叮万嘱地交代许多写作的注意事项：语言文字的表达、标点符号的使用、文献书籍的引用，期望倾其所有的智慧和经验，都能装进我们每个作者脑中。常常写完一部分，就小心翼翼地等候编辑老师和伙伴们提供反馈意见。每次听完编辑对写作初稿的分析和评论，就总是有一种醍醐灌顶的感觉，很多中肯的意见，对于主编书稿新手的我来说，都是一次洗礼。这本书在作者、编辑、同行伙伴、普通读者和老师们的反馈中不断地修改、补充、完善、改进。书稿的完成，倾注了大家很多的心血，在统稿、修订过程中，总是感觉时间不够用，但实际上还是能力有限，对问题的阐述不是很全面，也不能很深入，让本书还有一定的局限性。

自然教育入门，我们不断地讨论，尝试厘清最核心的概念与目标，试图用常见的自然教育实践和案例去印证相应的目标，希望让读者更好地理解自然教育的意义和内涵，并在这个基础上，探讨培养一个合格的自然教育导师。我想，超越这本书更重要的是自然教育入门之后，希望所有自然教育从业人员、关心自然教育的读者能形成更大的合力，培养或影响更多具有自然素养的公众和儿童，为守护自然达成一个更加有效的、更有影响力的改变。因为我们是在与时间赛跑，我们需要更多具有自然素养的人和我们一起来守护这个地球——人类唯一赖以生存的自然家园。

在地球46亿年的漫长演变中，现代人类的出现只有10多万年的时间，但人类快速的发展，却对地球生态造成越来越严重的破坏和伤害。中国14亿人口占全球人口的18%，对全球各个领域影响力越来越大，对于地球生态的影响也举足轻重，不可小觑。在这样的背景下，我们每一个人亟需更加具有自然素养、具有环境意识，需要有可持续发展的理念和环境保护的行动。自然教育，对我们及儿童而言，更有紧迫性和重要性。

在可预见的未来，自然教育将会成为儿童成长阶段重要的一部分，是不可缺少的教育环节。从全国自然教育网络的行业研究报告可以看到：

① 随着城市居民生活水平提升，家长需要更好的素质化的儿童教育，97%的公众认为儿童接触自然非常重要，自然教育成为家长们越来越重视、儿童越来越喜欢的活动形式，受到很高的认可度。

② 自然教育行业有近70%的从业人员都是青年人，且学历和职业满意度普遍较高，79.6%拥有大学本科及以上学历，90%以上愿意将自然教育作为未来长期职业选择。

③ 自然教育机构以"小而美"为主要特点，提供更加高品质、系列化、多元化的课程活动，且行业伙伴之间的相互合作、相互支持成为大趋势。

④ 国家公园、城市公园、自然教育中心、自然保护区等都成为自然教育的主要活动场域，并加大资金投入、增设专职部门，同时也非常欢迎自然教育机构的参与和加入。

⑤ 国家层面上，在生态文明大的背景下，各级政府部门大力发展自然教育，出台相关支持政策，拨付专项资金，用于发展自然教育基地和活动。这让我们对自然教育充满希望，自然教育已经从一个社会问题逐步发展成一个行业，并逐步融合环境教育、科学教育、公众科学，开始向学科化发展。而我们也将努力记录这个过程，不断梳理、沉淀经验，打造中国自然教育理论体系，产出自然教育行业的知识产品。《自然教育通识》只是第一步，全国自然教育网络将继续联合行业力量，打造自然教育系列书籍，从通识到方法再到案例，并不断迭代新的版本，以期为自然教育的发展夯实理论知识基础，为实践探索提供指引，更好地助力自然教育行业的发展。

我们都向往一个和谐而美好的未来，希望拥有一个五彩缤纷的大自然！然而，这些弥足珍贵的自然资源及其生命万物，需要你我共同努力的守护，才能让它们在地球上繁荣昌盛、生生不息！

赖芸
《自然教育通识》编辑委员会主编
2021年7月25日